宇宙奥秘解码

飞碟的真相记录
飞碟迷影追踪

韩德复　编著

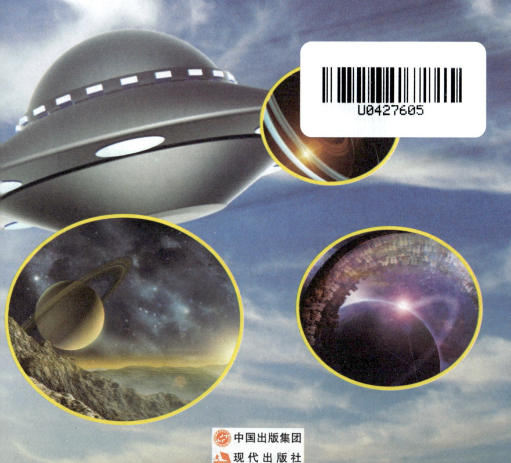

中国出版集团
现代出版社

前言 Preface

神舟九号圆满完成载人空间交会对接，嫦娥三号即将实现月球表面探测，萤火号启动我国火星探测计划……我们乘坐宇宙飞船遨游太空的时候就要到了！你准备好了吗？

21世纪的曙光刚刚揭开天幕，一场太空探索热潮在全球掀起。一个个云遮雾绕的宇宙未解之谜披着神秘的面纱，激起我们遥望宇宙这个布满星座黑洞的魔幻大迷宫，探求走向太空熠熠闪烁的道路。

太空将是我们人类世界争夺的最后一块"大陆"。走向太空，开发宇宙，是我们未来科学发展的主要方向，也是我们未来涉足远行的主要道路。因此，感知宇宙，了解太空，是我们走向太空的第一步。

宇宙展示包括地球及其他一切天体周围的无限空间，太空则展示地球大气层外层空间，直至宇宙的各个领域。发现天机，破解谜团，这是时代发展的需要，也是提升我们素质的良机。

我们在向太空发展的同时，也在不断挖掘地球的潜力，不断向大海、地底等处深入发展。我国载人深潜器"蛟龙"号再创载人深潜纪录，海底发现可满足人类千年能源需求的可燃冰，等等，这都说明我们探索地球的巨大收获。

从太空到地球，宇宙的奥秘是无穷的，人类的探索是无限的。我们只有不断拓展更加广阔的生存空间，破解更多的奥秘谜团，看清茫茫宇宙，才能使之造福于我们人类，促进现代文明。

为了激励广大读者认识和探索整个宇宙的科学奥秘，普及科学知识，我们根据中外最新研究成果，特别编辑了本书，主要包括宇宙、太空、星球、飞碟、外星人、地球、地理、海洋、名胜、史前文明等存在的奥秘现象、未解之谜和科学探索新发现诸多内容，具有很强的系统性、科学性、前沿性和新奇性。

本套系列丛书知识面广、内容精炼、图文并茂、装帧精美，非常适合广大读者阅读和收藏。广大读者在兴味盎然地领略宇宙奥秘现象的同时，能够加深思考，启迪智慧，开阔视野，增加知识，能够正确了解和认识宇宙，激发求知欲望和探索精神，激起热爱科学和追求科学的热情，掌握开启宇宙的金钥匙，使我们真正成为宇宙的主人，不断推进人类向前发展。

目录 Contents

晒晒各种飞碟

脸盆形状的UFO	2
带孔圆盘状UFO	6
炮弹形UFO	14
区里的船形UFO	22
方墙一样的UFO	28
几何形状的UFO	34
巨大的云状UFO	42
奇形怪状的飞碟	48

听听飞碟传闻

与人接触的UFO	59
客机遇到的是飞碟吗	66
UFO现身空军基地	68
科技人员目睹的UFO	74
宇航员遇到的UFO	82
飞行员遇到的是飞碟吗	86
UFO坠毁市郊是真的吗	90

看看飞碟记录

会喷火的UFO	96
UFO是在戏弄空军吗	104
UFO在骚扰民航机吗	108
UFO为何在地球上作画	112
UFO为什么袭击城市	116
飞碟为什么袭击人类	120

探探飞碟真相

UFO为什么留下痕迹	128
UFO的基地探秘	130
UFO到底来自哪里	134
飞机失事是UFO所为吗	142
UFO的速度是多少	150

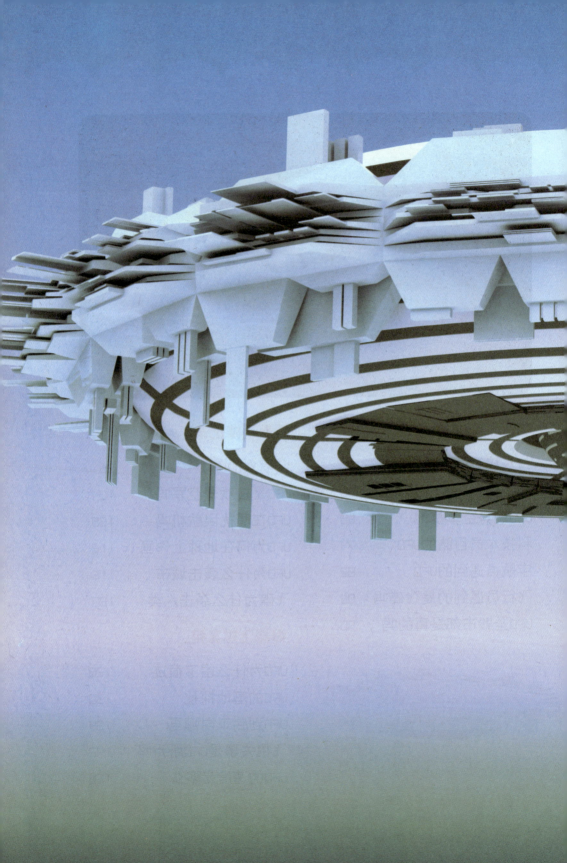

晒晒各种飞碟

　　飞碟就是指不明飞行物。不明飞行物外形的种类很多，有脸盆状的，有圆孔盘状的，有炮弹型的，方墙形的，还有云状的、几何状的等，在这里，我们晒晒几种常见的飞碟，由于篇幅所限，不能一一呈现，还请见谅哦。

脸盆形状的UFO

发现圆盆形飞行物

1963年秋，坐落在太行山区的山西省蒲西县发现了一个圆盆形飞行物，当时大陆与台湾当局关系非常紧张，好多人把这起事件误以为是"蒋特登陆信号"。

这年秋天的一天晚上，大约21时，天空中突然飞来一个如同脸盆的不明发光飞行物，它呈圆形，发出刺眼的白光。目击者说："飞行物略呈抛物线状迅速飞过，飞得很低，看上去似擦山头而过。"

是大型信号弹吗

蒲西县县委宣传部武尚文、贾保晋、史列娃、史洪生当时都在场。他们都认为是"潜伏特务打的大型信号弹"。于是动用了武装民兵搜索，还向县公安局汇报了案情，可县公安局和民兵经过搜索却没有发现什么。

但有人认为这是一次UFO濒临地球的事件，并非台湾当局的信号弹。事实真相究竟如何，至今还是个谜。

怎样识别UFO

我们不能盲目地把一切无法解释的现象都归为是UFO来到地球上所引起的，而必须有分析、有鉴别地去认识不明飞行物，因此，我们必须不断提高对UFO的识别能力。有的飞机轨迹、火箭残骸、卫星垃圾等物体的表现与UFO的表现极其相似，也容易使

人产生错觉。比如飞机飞行轨迹就十分像飞碟光迹；有人在夜晚看到红色闪光物在黑色夜空中飘忽不定，怀疑是飞碟，后来渐渐下落，才发现是被放风筝人收回去了，原来是只加灯的风筝。

另外，某些飞碟可能是秘密武器。比如，有一种新型飞艇，外形是一个圆盘，结构紧凑，重量轻，既能垂直升降，又可在超低空飞行以避免雷达跟踪。而且，飞艇上有大功率电子侦听设备和大型干扰机，十分适合军事侦察之用。

还有一种新型飞机，机身细长，机翼像一个扁平的大圆盘，和机身连在一起可以做各种角度的转动，甚至可以调转机身，反方向飞行。而且，由于它的机翼面积大，也可以在低空飞行。这些情况与传说中的某些飞碟完全雷同。

从报道第一个飞碟至今天，40多年过去了，从来没有一个人找到一个天外来客的一点真凭实据。然而，不少人还寄希望于飞碟，想在飞碟身上看见天外来客的影子。

苏联的研究

多年前，苏联科学院对某些飞碟现象进行了研究。他们的考察表明，在一定的条件下，大气中会形成碟状的湍流，体积可达100立方米。这些碟状湍流的密度和温度等特性都与周围大气不同，它们可以维持较长时间，并在气流的作用下移动。

它们最常出现的大气性质有明显改变的区域，比如山坡的迎风面就可能是这样的地方。倘若在阳光下或月光下看，它们就成为传说中的飞碟了。

每当看到不明飞行物时，一定要与自然现象、飞机轨迹、火

箭残骸以及卫星垃圾等区别清楚,不能一概认为是UFO事件。

飞碟与飞机的区别

飞机机型无法实现超平衡力,飞机的机头机尾和机翼就像跷跷板,让科学家费尽心机增加了多余装置,加大了重量,加大了能量消耗。

而UFO结构做到水平、水准,起飞后具有超平衡力。飞机机型无法具有超音速100倍的飞行速度,机身面对超大的阻力产生强烈高温,而高温激波又不能及时分散,使飞机面临毁灭的危险。如果飞机采用耐高温材料,又会增加重量,增加了能量消耗。

UFO采用高密度坚固耐高的温材料,22层隔热绵、10米宽的缓冲区能承受外界小陨石撞击物。UFO冲破阻力,激波将撞击力及物抛向周围,两秒钟内将热量分布均匀,并使大量的热能转换成电能,把多余的电量储蓄,释放出UFO所需的电力,实现自然等离子体助推力。

飞碟能有如此大的速度是人们无法想象的,也是人们不理解的现象。相信不远的将来,科学家会给出合理的解释。

激波也称为冲击波,是指在气体、液体和固体介质中,应力或压强、密度和温度等物理量发生突然变化的压缩波。通常指核爆炸时,爆炸中心压力急剧升高,使周围空气猛烈震荡而形成的波动。

飞碟的真相记录 飞碟迷影追踪

带孔圆盘状UFO

盘状的红色物体

1960年4月12日,美国路易斯安那州拉塔帕,一位目击者报告说,他曾看到一个盘状的红色物体从南面很快地飞过来,在离他大约有300米远的地面上触地,发出了很响的爆炸声,当时有很多人都听到了。他还看到了一团火焰。这个物体向东弹了一下,又升起来向西飞去,然后便消失了。

调查人员发现,现场上有9处痕迹,同时还发现了一种像金属漆一样的物质。

带孔圆盘状UFO

1979年夏,四川省云阳县角龙区供销社干部谭舟成看到了圆盘状的UFO在川东云阳上空盘旋。

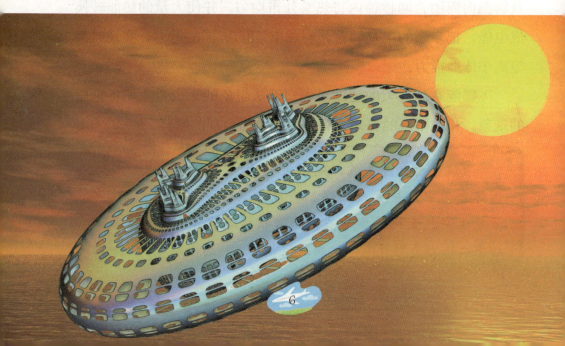

7月28日5时，云阳县上空出现了一个碟形状的不明飞行物。谭舟成看到飞行物呈银白色圆盘状，盘边有孔洞。孔洞中有光射出，如星光闪烁，当它从头顶飞过时，孔洞中喷出一股红烟。这个碟形UFO在云阳县东北方向出现，最后消失在西南方向。

四川省丰都县发现UFO

1979年7月29日凌晨，在四川省丰都县，发现了UFO穿越县境。此事在丰都县目击者很多。据四川省丰都UFO研究会理事长杨其文核实，该UFO是从长江北岸垫江县方向进入丰都县境的，然后飞越丰都县城向东南而去。在此路线上，目击者隆宇艮说："UFO是一个月亮形状闪着强光的圆形飞行物。"

秦永林说："UFO是闪光圆形物体，两前一后，无声无息，高速飞行，前两个形如同月亮，后一个稍大。"

隆文华、肖顺辉当时也在该地，他们看见3个圆盘状发光物体在天空高速飞行，高度似比飞机低一点，3个物体照亮了整个天空和大地。丰都县各处目击时间均为30秒，即UFO飞行的视角速度约为每秒4度。

UFO一分为三

奇怪的是UFO一分为三了！从1979年7月29日5时20分至5时35分，人们分别在丰都西北约250千米的阆中、丰都西南200千米

飞碟的真相记录　飞碟迷影追踪

处的江津和丰都西北方的岳池三地,都看到了圆盘形UFO。

阆中县的目击者中有四川UFO研究会会员王萌,他说UFO是5时20分在阆中县出现的,呈圆盘形,外圈较亮。

江津县的目击者是该县商业局干部刘坤以及李曼华、刘健等人。目击者报告说,5时33分,天色特亮,随即见一圆形飞行物,发银白色亮光,有明显晕圈,从西北向东北飞入云层,云层被UFO照射得仿佛镶了金边一样,目击时间大约两分钟。岳池县的目击者说,该飞碟在云阳东方的上空出现,然后进入云阳,途经丰都时一分为三,其主体飞行稍慢,在江津附近上空盘旋;另外两个UFO在阆中环绕而回,一个从岳池而返。

家住乙烯厂的刘志刚说,2007年夏天,一天晚上19时,他在厂西附近看到过类似不明飞行物。当时,不明飞行物位于北斗星附近,外形酷似圆盘,持续约10分钟左右,圆盘上出现红色的亮点,亮光突然消失后,不明飞行物也没了影。

UFO光临蓉城

2000年6月24日23时至25日零时,四川省成都市东郊上空两次出现不明飞行物,是否是人们传言中的飞碟还有待专家的认定。

2000年6月24日23时，成都市东郊五桂桥、四川师大和龙泉驿区近20名人士称，东边的天空突然出现一道神奇的亮光，并且由远而近地移动，远远看去，像一个又圆又亮的圆球，随着距离的移动，那圆球慢慢地变成椭圆形，继而呈扇形，最后变成了一道长长的光束，变化过程较为缓慢。25日零时，这个不明飞行物慢慢朝北边的天空移动，并逐渐变得暗淡，最后消失在天穹中，持续时间大约有40多分钟。

众多观测到不明飞行物的人士均称，飞碟光临之处，电视的收视系统均受到强烈干扰而消失了信号。

防雹炮点值班员的讲述

2000年7月29日晚21时许，四川新津县防雹炮点值班的刘班长走到屋外纳凉，抬头发现漆黑的夜空中突现一个发白光圆形物

飞碟的真相记录　飞碟迷影追踪

体，它缓慢而无规律地呈螺旋状在空中盘旋，不时停顿片刻又继续飞行。那是什么？刘班长猛然想起去年9月某晚他值班时，在同样方位也看见过这样一个发光飞行物掠过。

刘班长赶忙把值班的10余名同事都叫出屋，并立即给市防雹指挥部汇报，请求用高空雷达对该地区天空进行监视。防雹指挥部用雷达追踪，不料屏幕突然出现干扰，致使追踪被迫中断。与此同时，炮点的工作人员一直用肉眼跟踪那个飞行体，直至20多分钟后它神秘消失。

当地农民的说法

30日，记者来到当地采访，被询问的人都知悉此事。汤营村6组的孙玉兰，去年9月的一个晚上她确实见到过天空中一白一

红两个亮闪闪的东西飘过，飞得怪里怪气，东拐西拐；7组的村民黄健平则不以为然地说，可能是探照灯在天上投的影子。但村民们都承认，方圆几千米内没有大型工厂或歌舞剧场，不会有人把探照灯打到天上。

在距羊安河约4000米外的新津县铁溪、安西等地，村民们也在29日晚看到天空怪物。有人称，当时家中的电视和收音机都受到强烈干扰，直至怪物消失后才恢复正常。

UFO再访成都

30日19时40分，众多市民打电话给《成都商报》惊奇地称，他们在抚琴西路上空看见了不明飞行物。

报社记者赶往现场，可惜天色已晚，什么也没看见。据街头卖牛奶的陈大姐讲，大约19时20分，许多人都看见天空有一大一小两团雾状的亮点，忽明忽暗，速度极快地盘旋着，一会儿两团合一，一会儿又分开，大约持续了近20分钟才渐渐消失。

二环路西三段府南新区的卓先生也称，30日19时，他看见空中飞个鸡蛋大的白色亮点，类似星星状。

龙泉驿区的董先生也称，他在20时50分看见了不明飞行物，类似葫芦状，飞行速度极快。

不同学说的观点

对于频频来访的UFO，不同学科的学者都提出了自己的看法。心理学家认为：UFO是形体化的思想或意念形式、人类集体的潜意识的典型创造、意念造型。

另一类学者认为，UFO确实存在，但不能确定其到底是来自太空，还是来自其他地方。如一些坚持"地球中空说"的学者认为，我们所看到的飞碟来自地球内部或海底，并非来自天外。"地内人"千方百计避免与人类接触，以防地下家园遭到侵害，有时它们称自己是外星人，以转移人类的视线。

另外，还有一种意见说，飞碟与人类早已接触。许多有影响的UFO专家几乎都同意这种意见，他们指出，这种接触可能早已在外星人认为的相应的水平上建立。

自远古时代以来它们一直与我们保持着多种方式的接触,它们一直在帮助我们发展科技,提高文明程度,它们也许有一个提高人类"宇宙觉悟"的时间表,可能它们认为目前公开见面的时机尚未成熟。

所以,它们宁愿继续在暗中不露声色地给我们以大量援助。还有一种说法认为,外星人已大批混杂在地球人中。

外星生命如果存在,其技术要比地球人高明得多,因此,人类也多少在其掌控之下,其中也包括对他们事件宣传的力度。可以推断,人类发明探测外星人的设备恐怕也是他们有意传给人的技术。

飞碟的真相记录　飞碟迷影追踪

空中出现炮弹

1968年夏天，大概是8月初的一天，贵州省凯里市群山环抱，风景秀丽。清水江畔车岭寨农民关子富到凯里城去探望他的姐姐。

6时，大街上就有许多人了，听人们议论说，空中有一个奇怪的炮弹，它能浮在半空不动。抬头看去，他果然看见西北天空有一个弹头般的东西，它的长度就像一颗炮弹那么大，紫红色，一端稍细，另一端较粗，估计它的实际大小不会小于清水江上的渔船。

行人翘首观望，窃窃议论，大多数人以为那是敌机，关子富不敢久留，便匆忙走开。走出数百米后再看天空，那个东西还在

那儿。他赶紧低头朝姐姐家走去,马路上的人看了也纷纷散去。

像炮弹一样的物体

1980年10月5日,在河北省唐山市,一位小学女教师高苏丘早晨上完厕所回到屋里时,无意中从窗帘的缝隙向外张望。此时天色未亮,夜空幽暗,她突然发现空中有个奇异的光体。

当时由于睡意未消,迷迷糊糊,她看了后自言自语道:"好漂亮的月亮呀……"

但不久,她惊讶地发现那根本不是月亮,而是一个看起来像月亮的发光体。她定睛再看,发现确实不是月亮,而且这个发光体慢慢地在变大。

高苏丘马上跑去叫醒丈夫,两人一起来到窗边。这时,亮光正在快速地向他们移动,以至于可以看清楚它的形状。它不是刚开始看到的圆筒形,而是一个很像炮弹的东西。在其中央的地方,有一个光环般的东西圈住它。

这一发光体一边从它的尾端喷射出熊熊的火焰,一边以相当慢的速度在飞行,在它靠近的那一刹那,女教师家的周围像大白天那样明亮。不久,它就往东南方向飞去了。高苏丘说,她第一次看到这个炮弹型的UFO是在3时左右。而与此同时,唐山市湖边夜钓的5个人,也看到了同一形状的UFO。

美国西海岸的UFO

1980年年底,发光炮弹就在太平洋的对岸,美国的西海岸出现了。看到的人是美国加州经营查德机的飞机公司,并且自己也是飞行员的丹尼斯。

飞碟的真相记录　飞碟迷影追踪

　　1980年11月5日夜晚，丹尼斯将客人送下飞机后，又驾驶着飞机回机场，在高度2400米的空中飞行。大约在20时10分左右，左翼的方向出现了一个发出橙色的光的炮弹形东西，和飞机并行飞了30秒之后，就往上方飞，旋转了90度之后，就不见了。丹尼斯在第二年的4月8日3时，他又遇到了这个物体。

　　依照丹尼斯的话所描绘下来的UFO图，跟在我国出现的东西极为相似，由此可判断，它们是同一类型的物体。多次出现的炮弹形发光物都是飞碟吗？人们在不断地思索着。

UFO为何光临地球

　　根据有关史料记载推测，UFO可能早在3000多年前就已光临地球了，但没有说他们为何要光临地球。文明古国巴比伦有个民族叫苏美尔，在距今2000多年以前，就已经开始记载他们先人的灿烂文化了。考古学家在考察苏美尔的古代文化时，在埃及库云底亚克山里，发现了一首雕刻在12块陶制书版上的一个有关英雄的叙事诗。

　　在这套书版的第七块上所叙述的事情，引起了考古学家们的极大兴趣。如果用今天的宇航知识来看，这里记载的是一个目睹太空旅行实况的记录。这个太空旅行实况是通过史诗中的主人公之一恩克度

口述的:

　　恩克度被一只巨鹰似的铜爪抓着,在空中飞行。飞了4小时后,忽然有一个声音对他说:"你看看下面的大地,大地像什么呀?你再看看大海,大海又像什么呀?"

　　恩克度回答:"大地就像一座高山,大海就像一个湖泊。"

　　恩克度又在空中飞了4小时,耳边又响起了那个声音:"你向下看看大地,大地像什么?你再看看大海,大海又像什么?"

　　恩克度说:"大地像个花园,大海像花园里的水渠。"

　　他又继续向上飞了4小时后,那个声音又对他说:"你看看大地,大地像什么?你再看看大海,大海又像什么?"

　　恩克度向下仔细地观察了一番后说:"大地像米粥,大海像水槽……"

苏美尔人怎么知道的

在载人飞船遨游太空以后,人们发现恩克度的比喻实在太确切了。因为从空中往下看,地球确实像粥和水槽互相交错成一片。但是,当时的苏美尔人怎么会知道这种现象呢?如果对地球没有直接的感性认识,谁也不会想到陆地像粥,大海像个水槽。因此,这个比喻一定来自某些曾在我们地球上空飞行的生物。在当时的条件下,这个生物不可能是地球人,而是来自其他星球的宇宙人。也许,苏美尔人就是这些宇宙人的后代。

科学家发现外星人太空船

科学家发现,古埃及3000年前的金字塔的壁画上面,竟然有外星人太空船的模样。金字塔上太空船的模样好似一个倒转了的碟子,这证明3000多年前,外星人已经与埃及人有过接触了。这个发现并不很有新意,因为人们

早已知道外星与古埃及相接触的消息。不过,这给金字塔是在外星人帮助下建成的这一观点增加了说服力。但谁也不知道外星人为何要光临地球。

史前绘画的特点

在许多史前壁画和雕刻中,都出现了不少奇特内容,无法解释的技术成分,以及同当今的宇航员使用的相似的服装和物品。在全世界各大洲都发现了史前绘画,画面上的人物穿着臃肿服装,头上戴着奇怪的带有天线的圆形头罩。从正面看,他们的身高似乎在1米~6米之间。

考古学家们最初以为他们是动物,但是同表现动物的通常手法相比较,这种解释却站不住脚。而后,科学家们发现他们可能是"神",但神这个概念在石器时代是没有的,无论神出现的形式与古代和中世纪不同。人们崇拜动物、火、太阳或雷电,但他们绝对没有把大自然的力量当成人的形象来描绘。

早期的宇航员

1969年,考古学家们在乌兹别克的费尔干纳发现并拍摄一幅新石器时期的岩画。画面上有一个头戴装有天线的密封圆形头罩的人物。他的背上背着一个奇特的装罩,像宇航员离开飞船在太空活动时使用的呼吸器。

早在1961年,沙茨基就发现了两幅类似的图画。第一幅表现的是一个头戴潜水员那种头罩的类人动物,他的头部周围光芒四射。图画发现的地点在哈萨克斯坦的纳沃伊镇附近。这幅已有5000年历史的岩画上面有好几个携带呼吸器的人。

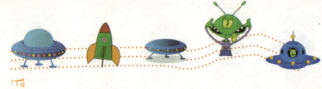

飞碟的真相记录　飞碟迷影追踪

在萨尔瓦多发现的一个陶盘上，绘着一个奇怪生物驾驶着长长的形状如同雪茄烟的飞行器掠过棕榈树上方的情景。

1956年，一位法国考古学家在意大利境内的阿尔卑斯山区，发现了一幅新石器时期的岩画。画上有一人，身穿臃肿的服装，背着圆筒形呼吸器，戴着圆形密封头罩，头罩上有观察孔和天线。

在伊朗的贝希斯坦省，发现了一幅半浮雕，表现"五洲十国的征服者"大流士参拜火神阿胡拉马兹达的场面。这位火神乘坐一个箱子飞过人们的头顶。那奇怪的箱子尾部喷射火焰，而火神的左手握着一

个无疑是操纵杆的装置。

考古学家阿纳蒂在瑞士卡莫尼卡谷的岩壁上发现了一些岩画，上面的人物穿着与当今飞行服相似的连衣裤，头上的圆形头罩带有天线，手里拿着一种三角形物品。这些头罩是什么东西？它们起保护作用吗？那么天线呢，难道是一种装饰品？

早期的飞行器

在我国云南省昆明市附近，由于一次地震，几块金字塔形的石块从湖底被抛到地面上来，石块上刻着一种纺锤形的机械图形。机械装置正向天空飞去。大家知道，中国人早在2000多年前就发明了火药助推的火箭。

在苏联，科学家们发现过一幅半浮雕，画面表现的是一种类似"宇宙飞船"的物体：两根巨大的柱子托着一个方框，框内有10个相互紧挨着的圆，上面还有几个对称分布的小圆。

科学家们认为这些岩画石刻艺术，表现的是人们在现实生活中所见到的人物：身穿宇宙服、乘坐飞行器从天而降的宇航员。这种假说难道一点道理都没有吗？

地球上所有这类石刻艺术，都有臃肿的上衣，带天线和观察孔的圆形头罩、手套、宽腿裤，以及背上的奇特装置。难道世界各大洲的穴居古人，难道都上过同一所绘画与雕刻艺术学校？

飞碟的真相记录　飞碟迷影追踪

区里的船形UFO

奇怪的照片

在贵州省竹江有一个业余摄影师，他喜欢拍摄一些离奇古怪的地理风貌和天空美景，尤其是对春夏秋冬各种各样的云，他都一个不落地拍下来。

有一次，业余摄影师所拍的两张4寸照片没有成功。他也说不清是为什么，他说："1985年7月24日21时，东边天空突然裂开似的，出现了一个很大的圆形亮区，我赶紧取出相机，跑到院子里支起三脚架，对好镜头按了两次快门，亮区暗了，裂开的天空又闭合了。"

他说:"据我妻子说,当我回屋取相机时,那亮区出现一个很大的船形物体,亮区随它移动。

我跑出来支三脚架时,船形物消失,亮区不久也变暗。我的两张照片拍的就是快要变暗的亮区。我用的光圈和速度是可以捕捉亮区的,但洗出来一看,一片模糊。"

圆形亮区的谜团

这个拍不下来的UFO事件令人迷惑不解,在其他国家和地区也曾有拍不下来的UFO,其中的原因还有待人们的进一步探索。

我们根据摄影师生动的叙述推断,亮区内出现的船形物体可能是一艘天外的宇宙飞船,而亮区则是飞船到达地球上时所释放出来的能量。这一推断是否正确,还需进一步考究。

学生发现巨大光圈

1971年9月18日晚上,河南省汲县的王不安走出宿舍,看到离地面2000米至3000米的地方,一个巨大的光圈在空中打转行走。

光圈像是气体状,很像是螺旋状的星云,发出黄色的光。中心部位的密度很高,而外侧密度就薄了。以顺时针方向旋转,但是旋转的速度很慢。但是前进速度非常快,一分钟之后,就在西

飞碟的真相记录 | 飞碟迷影追踪

北方向消失了。时间是19时。

飞行物两次出现在甘肃省

1977年8月的一天夜晚，甘肃师范大学学生王震出门去看电影。他和两个朋友一同前往，他们一边散步，一边抬头仰望那美丽的星空。

他从小就喜欢观看夜空中闪闪发光的星星，并对天文学有着浓厚的兴趣。行走之间，突然发现夜空的北边有一个不明飞行物。它发出耀眼的乳白色光芒，并且旋转移动。

1979年6月16日早上，在甘肃省又出现了螺旋状的飞行物

体，很多人都看到了。中心部位比金星的亮度稍暗一点，有螺旋形的光带，看起来就像银河，滞留在空中约有12分钟。

根据多次不明飞行物出现的情况看，如果这些螺旋形发光物是飞碟的话，那么它们很可能是同一个物体。

美国发现飞碟

随着UFO越来越频繁地来地球考察，世界上许多国家也越来越对外星人感兴趣，他们都在暗中展开对外星人的研究。

美国宇航员麦克狄维特和怀特报告：他们驾驶"双子座4号"宇宙飞船绕地球飞行到第二十圈位于夏威夷和加勒比海之间

飞碟的真相记录　飞碟迷影追踪

的上空时，发现一只白色的飞碟飞向宇宙飞船。飞碟与飞船保持一定距离，飞行一段时间后离去。

佛罗里达州州长恩斯参加竞选，他随同工作人员及记者10余人正乘飞机飞行时，突然在空中看见一个橘黄色的火球，原来是与州长座机处于相同高度的两个发光体，两个发光体突然垂直上升，转眼间消失得无影无踪。

一连串的飞碟事件惊动了当时的总统约翰逊。在中央情报局的配合下，空军出资50万美元，由科罗拉多大学设立"独立研究项目"对飞碟进行探索。该项目的负责人是康登教授。

苏联发现飞碟

同一时期，苏联境内也发现了多起飞碟事件，1964年9月23日，一架图-104飞机飞越莫斯科上空时，机组人员和乘客所看到过的一个拱顶碟形飞行物。

1965年7月26日，拉托雅电离层观测站站长维托米克用望远

镜观察到一个直径约为90米的飞碟和3个伴随的小飞碟。

美国与苏联的争论

美国中央情报局将所获取的苏联研究飞碟情报，报告给了国家宇航局。苏联科学院为掩盖事实真相曾经宣称："飞碟为无稽之谈。"

然而"苏联宇宙飞行调查常设委员会"在1970年所写的一份报告中却说："已有的发现和雷达追踪材料均可否定飞碟是光的幻影这一说法。飞碟是有形的、确实存在的飞行物，其来源有待进一步探索……

1960年11月，肯尼迪当选为第三十五届美国总统。据说，1963年，肯尼迪总统在雅尼斯港附近划船时，一个银色的物体在不远处出现，船上的每个人都看到了这个东西。

飞碟的真相记录　飞碟迷影追踪

方墙一样的UFO

农民发现发光物

1982年5月17日17时28分左右，在云南省哀牢山仙鹤镇东北郊，天气晴朗，万里无云。苏荒汉、苏芝芬、元镇民和马玉芝4人正在水田里劳动，忽然听到天空中一阵响铃般的声音，急促而猛烈，令人毛骨悚然。

他们急忙趴在泥地里，捂住耳朵，偷偷仰望空中，寻找声音

的来源，他们看见东北面天空中有一物体，沿哀牢山西坡移动，发出强烈的电弧光。

它的形状像一堵墙，上面小，下面大，呈橙黄色。当飞行物离去较远的时候，他们才敢站起来观察。

飞行物的特征

飞行物的实际体积很大，估计上面宽有20米，下面宽30多米，它在山坡上停了两分钟左右，就平行地向西北滑行而去。

据目击者估计，这是一个正方体，而目击者所看到的只是它的一个面，所以看上去像一面大墙。飞行物发出的声音十分吓人，就像千军万马发出的金属铃声，震耳欲聋。

人们在哀牢山看到的是飞碟吗？地球人能够制造飞碟吗？

德国制造的圆盘飞机

飞碟在地球上出现以来，越来越多的科学家们对此产生了浓厚的兴趣，并积极进行研究和探索。有许多国家和地区的科学家们还公开或秘密地研制人造飞碟呢？

飞碟的真相记录　飞碟迷影追踪

第二次世界大战时，德国在火箭工程学和流体力学领域占有世界领先地位，曾制造了一种圆盘飞机。这种圆盘飞机内部有垂直上升用的叶扇和水平飞行用的喷气发动机，直径为12米至40米，已进行了多次试飞。当圆盘飞机高速飞行时，机身有点倾斜，速度可达音速的3倍，座舱设计成旋转式，性能优良。

科学家们还发明了一种单人驾驶的人造飞碟。它可以离开地面4米高，可以绕开任何障碍物，适于复杂的环境。

这种人造飞碟，使用的发动机功率有133马力，时速可达8万米；由螺旋桨和专门的气道形成的空气射束托浮飞碟，因这种飞碟体积很小，所以飞行时非常灵活，便于操作，受到科学家们的普遍好评。

俄罗斯的伊基普

俄罗斯研制出一种叫伊基普的人造飞碟，第一架模型机已经进行了成功的试飞。伊基普长25米，宽36米，可乘坐400名乘客

或运载40多吨货物，速度可达每小时6437千米，飞行高度36千米，最大航程为8047千米，升空距离只需要500米。

由于原设计的目的是用于军事，因此起落时不受限制，空气动力设计非常先进。

法国的人造飞碟

法国的UFO学家利格雷·加斯东等，利用一种被他们命名为静能的能作为动力能源，使得10多个小的草帽大小的人造飞碟升上了空中。

加斯东等人介绍说静能是一种人们还没有理解的能量，它是利用电磁转换而成的。

还有，法国的让·珀蒂博士，也在研制一种叫磁流动力飞行器的人造飞碟。

这种磁流动力飞行器与许多目击到的飞碟可能同属一类型的飞行器，它们的特点是：

重量大约为几十吨，装有可以产生几百兆瓦电能的发电机；拥有可以在大气中产生几万高斯磁场的超导电体系统；在大气中飞行时，能产生强烈放电现象。

静态磁能发电

除了研究表态磁能发电人造飞碟外，UFO研究者们还研究了一些飞碟的动力源及结构模式。

动力源结构模式之一是缸形磁路。缸形磁路是最典型的、最理想的一种磁路。它的结构特点是：中心有一个直通上下的主磁路，线包绕在这个主磁路上，从而使缸形外壳构成一个完善的磁回路。

动力源结构模式之二静态磁能的典型特点。从1985年起，科学家们致力静态磁能发电的研究，通过研究得知，静态磁如果装置在磁路上，就可能与一个特殊的缸形磁路的结构一样，并且同飞碟的外形、内部结构有着非常密切的联系。

1993年发现了能量放大磁路，从而完全证明了这些猜想是正确的。按照这种磁路的技术特点和要求设计出的装置，最自然理想的形状也是碟形，磁路只有在这种形状上，电压放大的倍数才

能达到最高。在其形状上,电压放大倍数都要不同程度地下降,仅这一点就可以说明不少问题。

飞碟的典型特征是许多年来世界飞碟界的重要研究成果,是通过对近10万例目击案的研究逐渐总结出来的。

飞碟在结构上很像一个变了形的缸形变压器。理解这个问题的核心是必须把中心磁路掌握得非常透彻。

飞碟是一个静态磁能装置,这只是科学家们对飞碟动力源和结构原理的初步探索,今后,科学家们将会继续努力,以期早日揭开这些难解之谜。

美国海军部前任飞机识别师克伦特朗表示,美国拥有先进的科学技术,可以建造一种类似外星人使用的飞碟。他还为这种飞碟设计了一种革命性的推动系统,它的动力原料是液体水银。

飞碟的真相记录 飞碟迷影追踪

几何形状的UFO

台阶形锥体状UFO

1971年，在山西省太原发现了一个台阶形锥体飞行物。

这年秋天的一个晚上，太原锅炉厂的范文浩大约在21时发现西南方向5000米处的空中有一个金属飞行物，此飞行物为银白色，它在离地面1000米至2000米处飞行。

飞行速度很慢，忽左忽右，有时停在那里几乎不动。该飞行物形状呈台阶锥体。飞行物小头朝前，尾部有两倍于该物体的银白色光雾，里面似乎有一个实体，表面为金属状。它移动时无声，也没有气浪，它是突然隐没在西边的彩霞之中消失不见的。

菱形飞行物

1997年8月5日，在新疆出现了菱形的发光飞行物。23时30分左右，新疆克孜勒苏自治州客运公司司机王文，驾驶夜班车行到阿克苏318国道888千米处时，发现北面小山上有一发光飞行物，从远处看呈菱形，大小约0.2米左右，缓缓移动，伴有发光云雾，没有声音，有类似探照灯样的光柱照在山上。王师傅于是停

车让大家看，持续时间有10分钟左右，然后渐渐消失在远山后。

就在当天，新疆伊宁市也有类似的情形出现。只是时间比阿克苏出现UFO晚20分钟。这两地目击的UFO很可能是同一不明飞行物。该UFO能发出绿光，这和几年前从北向南飞临伊朗上空能发出绿光的UFO相似。这是否能说明，同一个菱形UFO在地球上经常出现呢？人们难下定论。

圆桌形UFO

2007年7月17日凌晨3时，江苏省常州市武进区洛阳镇一个神秘发光体从天而降，降落在欧凯电器有限公司大门内，该公司的监控器清晰地拍摄到了不明发光体的画面。

监控画面显示，凌晨3时22分，此白色发光不明物体从天而降，如同圆桌。3时23分，光球变为不规则状，底部伸出两个突

飞碟的真相记录　飞碟迷影追踪

起，像一块不规则的海绵蹦跳着向东逃去。3时26分前后，光球缩小成保龄球大小，蹦进监控探头范围内。

从录像中看，有保安走出查看，但光球像是有所觉察，四处跳动，越变越小，躲着保安。小球在保安室上方停留3分多钟，继而消失。

存在火星人吗

不同形状的飞碟频繁地出现，使许多科学家产生了疑问，难道是宇宙中的外星人在造访地球？许多年来，人们一直幻想着火

星人的存在，在一些飞碟案中，外星人也自称他们来自火星，所以有人干脆把外星人称作火星人。

研究表明，在很久以前，火星的自然环境与地球极其相似，是有生命存在的。后来，由于火星的自然环境不断恶化，地表十分干燥，其赤道地区年平均气温为零下15度。

显然，生命体无法在火星表面生活，是否生活在火星地下呢？外星人是否把火星作为星际飞行中继基地呢？现在还难以对这些问题作出简单的肯定或否定回答，但许多现象却值得人们去

飞碟的真相记录 飞碟迷影追踪

深思。

　　火星上有许多人工建筑物似乎应当肯定。美国加利福尼亚州和马萨诸塞州的一些火星研究专家公开了一组照片，从照片上可以看到一座座石头人像、一座座高耸的金字塔、一片片类似城市的废墟遗迹。

地球上发现火星人

　　在一次记者招待会上，美国航空航天局艾姆斯研究中心的火星研究专家曾经说过："火星上的水，比一般人通常所想象的要多得多，而且火星上仍发生类似地球上的季节变化。""火星的水，足够填满一个100多米深的海洋。"有足够的水存在，自然

也就极有可能存在生物。

火星上存在生命，以前还存在过高度的文明，这应是无可争议的事实。现在，火星表面没有人居住，但在地表以下是否还住着外星人呢？

他们有着高度发达的科学技术，他们完全可能在密闭的地下人造环境中生存。而地球上发现火星人的后代，使人们更增加了这方面的猜测。

1987年，希莱·温斯罗夫与另外6名科学家在扎伊尔东部的原始森林里，意外地发现了一个与世隔绝的部落，这些人自称是火星人的后代。

科学家们参观了一艘银白色的半月形飞船残骸，它已经生锈了。显然，这就是火星人的星际交通工具。火星人后代还拿出他们珍藏多年的太阳系和火星的详细地图。

火星人告诉温斯罗夫，1829年，火星上发生了一场大瘟疫，为了躲避致命的病菌，25名火星人乘飞船到达地球。160年过去了，至今仍有人还活着，部落已发展到50人，他们皮肤黑亮，眼睛为白色但没有眼球，能用流利的英语和瑞典语与科学家们对话。他们对圆形的东西非常感兴趣，无论房屋、摆设，还是工具，都是圆形的。

这些火星人说，他们已无法飞回火星，希望地球人不要干扰他们的正常生活，他们将会在地球上永远地活下去。

火星基地计划

1989年7月20日，美国总统布什宣布：美国要在月球上建设基地，着手实施向火星制订载人飞行的计划，这意味着外星人很可能在火星上也设立UFO基地。

在火星周围经常有飞碟出没，这已不是什么秘密，这是否可以证明，飞临地球的飞碟有的就直接来自火星呢？至少，外星人把火星作为他们的星际考察中继基地是完全可能的事情。

UFO金星基地说

从目前所知的情况看，金星地表的自然环境比火星还糟得多。它表面温度高达500度，大气层二氧化碳含量达90%以上，那里的热风暴比地球上的12级强台风还猛烈许多倍。它被浓厚的云

层包裹着。

因此，从1960年至1981年以来，美国、苏联先后发射了近20个探测器，仍然不能揭开它的真面目。

1989年1月，苏联发射的一个探测器终于穿过了金星表面浓厚的大气层，通过对其发回照片的科学分析，科学家们惊奇地发现，金星地表分布有2万座城市的遗迹。

在金星的城市废墟下面，是否还有活着的金星人，谁也很难作出否定的回答，因而外星人把金星作为飞碟基地，那更是完全可能的事情。

UFO木星基地说

美国加利福尼亚艾姆期研究中心的美国国家航空局和宇宙航行局的宇宙生物学家们，经过认真的研究后曾经指出："木星上很可能存在生物，而且密度很大。"

科学家们在实验室里对已知的木星表面条件作了生命发展的模拟试验，结果表明，木星上很可能住着极为发达的生命体，它们具有无线电仪器，能够发射我们可以接收到的信号。"

世界上所有射电天文学家都指出，木星一直有规律地发射着无线电脉冲信号，其中一些脉冲强度可以同太阳发射的波相比。

石头人像，是美国航空宇宙局公开的一张影像。这块石头像是罗斯维尔飞碟坠毁事件中的外星人尸体。这个火星人头骨看起来有0.15米宽，有尖尖的下巴和尖嘴，两只相隔0.05米远的眼睛。

飞碟的真相记录　飞碟迷影追踪

巨大的云状UFO

两次看到UFO

1995年和1996年，我国公民刘强先后两次看到了UFO。

第一次是在1995年1月6日。那天晚上，天空晴朗。他站在二楼向外望，忽然看见发红光的不明飞行物从一颗6等星上飞出。它平稳而缓慢地飞向南面的一颗星，就在靠近那颗星时，却突然消失了。

刘强急忙跑下楼，当时他就断定这个飞行物绝不是一颗流星。因为流星不会由一颗星飞向另一颗星，更不会是红色的，它的飞行速度也没有流星那么快。

1996年7月份，那时正值暑假期间。那天晚上，刘强一家人

正在看电视。突然，天气骤变，雷电交加，但是没有下一滴雨。刘强的妈妈到阳台上望了望，忽然大声呼唤刘强。刘强跑到阳台上，顺着妈妈手指的方向，他清楚地看到一块巨大的云正在楼顶上空慢慢移动。

它的面积约有两个篮球场那么大，整体呈暗红色，发着血红的光。这块云每隔一段时间就发出一次强烈的红光，并发出低沉的响声。那云的内部竟喷出了一团火，异常猛烈。当时时间是20时45分。

云到底是什么

第二天，刘强才知道还有其他人看到了这片云，不同的是那人看到的云在他家的南面，他看到云是在20时40分左右。几分钟时间竟移动了几百米，而且还是如此庞大之物。于是，他们推测它绝不是云，因为云不可能移动这么快，也不会如此巨大、独特，而且还能发光喷火。

后来，刘强又看到了在巴西里约热内卢上空出现的云层状飞碟和一艘飞碟母船的照片。他想，这云一定是云层状飞碟母船的一种。刘强两次目击的UFO都具有一定的特点。

第一次看到的UFO，如果不是红色，那么有时人造卫星也会出现上述情况，但人造卫星在黄昏或黎明前可以看到，颜色一般为普通星光色，虽然从时间上看，正是黄昏时候，但是红色却不好解释。因天空晴朗，外层大气一般不会折射出红色光，也就是说，当大气层水气较大，并且光入射角较小时便会折出红光，如雾天早上初升的太阳便是红的。

第二次有些像积雨云，但是等离子火球也是产生于阴天云层，所以，云在火烧云时也会变成红色。

刘强两次看到的云层碟状物，虽然都

很像UFO，但也有理由说是某种自然现象。

高级记者怀疑UFO

UFO是否真的存在？是人们最关心的问题，也是人们最感到迷惑的问题，不断因为这个问题展开争论。有人认为UFO存在，而有人认为并不存在，也有一部人认为是人类的幻觉。至于谁对谁错，待科学探索之后方能揭晓。

《航空周刊和航天技术》杂志的高级记者菲利普·克拉斯是世界上有名的UFO怀疑论者。他从1966年起就开始调查UFO事件，并已完成两部著作《UFO验证》和《UFO解释》。

克拉斯先生花费了15年的时间，调查了最著名的UFO事件及其目击者，但是他说："没有任何一个事件能使人相信有来自外星的飞船访问过地球，也没有一个UFO的证据能够站得住脚。"

自1947年第一个关于UFO事件目击者以来，所有的照片中没有一张是清清楚楚的，几乎全部都有伪造的痕迹。

他说："我们现有的UFO照片可能是任何一样东西。比如是天空中的闪电，或是用高速快门相机拍下的空中的冻盘。在200

位声称登上过UFO的人中，没有一位带回一件纪念品或其他什么东西来作为证据。"

UFO是人类的幻觉

否定UFO存在的一些学者给一些UFO目击者和绑架事件作了多少有点合乎情理的解释。据美国在长滩的加利福尼亚州立大学的英语教授阿尔文·劳森研究，那些声称曾登上UFO的人可能是经历了某些常见的精神恍惚症状。

他召集了20位对UFO毫无特殊兴趣的自愿实验者，让他们在催眠状态下想象他们被绑架上UFO的过程，并让他们画出外星劫持者的草图。这些想象的图画和人们实际报告的那种UFO上生灵的形象非常接近。

另外，关于与UFO接触的报告和各种不同的精神及心理现

象,如吸毒引起的幻觉、临终前在病床上对死后的梦遇等均有相似之处。

那些所谓的被绑架者和自愿作催眠实验者报告的UFO生灵分为6种类型:人、类人体、动物、机器人、外来人、鬼怪。

这项研究说明,那些报告自己被绑架的人至少是经历了梦幻、临终前的幻觉或精神变态。他们没有撒谎,但他们的经历并不是真实的。

> **我还想知道**
>
> 磁探测器是一种采用磁梯度原理探测地下磁性物体的准确位置的探测器,特别适用于农业动态监测体系中磁标的探测。它包括具有传感线圈、激磁线圈和反馈线圈的探头以及各种电路。

奇形怪状的飞碟

梨形的物体

1955年7月22日，美国俄亥俄州辛辛那提，当E.M先生正蹲在靠近一棵桃树的地上修剪草坪时，突然一个暗红色的东西飞了过来。他抬起头，看见了一个梨形的物体，在大约300米的高空缓慢地从西向东移动。

当他抬头观看的时候，他的双手和手臂都感到被烧得很痛。但是，当他用水洗过以后，疼痛感就立刻减轻了。

第二天，M先生去检查桃树时，发现大部分树叶都变黄而落下来了。那些细树枝和大的树杈也非常脆弱，桃树似乎石化了似的。树干变得非常坚硬，很难用指甲抠进去，树底下的草也都枯死了。

发着蓝白色光的物体

1964年6月14日，美国印第安纳州查理斯·英格尔布里奇特先生的电视机和所有房间的电灯都突然熄灭了。于是，他走到外面，看见了一个直径有1.8米长、发着蓝白色光的物体，落在离他大约18米远的地上。

当他想要接近这个物体的时候，就感到被电流轻微地击了一下，站在原地不能动了。后来，人们在现场发现了一块被烧的地

方，地上有一个呈三角形的压痕点，压痕的深度和直径都接近一英寸。在这个物体的周围，所有的樱桃树和花园里的植物都枯死了。

带圆顶盖的物体

1967年5月20日，加拿大曼尼托巴省法尔孔湖，52岁的斯蒂芬·迈凯拉克看见两个带圆顶盖的物体在天空飞行。其中的一个在40米远的地方降落，而另一个则在云层中消失了。

这个物体直径有10.5米，上面有像通气孔似的窗口。每扇窗长约0.15米，宽约22.5米，并有30个小孔。他企图从一个孔朝里面看，结果被一股热流击倒在地。一分钟以后，这个物体消失了。其后，他病了很长一段时间，腹部一度烧伤，人们在现场发现了一处很大的压痕。

蘑菇状UFO

1984年1月15日10时左右，一支部队在甘肃省东北部老爷山

进行军训休息时，一位战士突然大喊一声："飞碟！"其他战士急忙朝着所指的方向看去，果真有一个大伞盖似的发光体，它呈蘑菇状，伞盖下有一根粗大的柄，整体为金黄色，它悬停在空中，当时刮着三四级西北风，但它却停在那里一动不动。

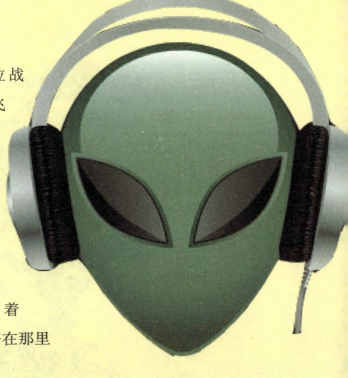

一两分钟后，开始向北方移动，速度越来越快，最后突然熄灭，消失不见了。

圆形UFO

1973年5月22日3时，美国41岁的巴比罗开着车子回家。恰好那天的天气很不好，下着雨，路上很少碰到车辆。为了减少路上的寂寞，他打开了收音机。

当汽车接近一个小山坡的时候，收音机突然没有声音了。他调试着收音机，就在同时，车子引擎的响声慢了下来。

就在这时，他看见车子里有一束明亮的圆形蓝光，直径大约有0.2米。蓝光在慢慢地移动，掠过他的工具箱、座位。当这光掠过工具箱上面时，巴比罗居然可以看到引擎。

巴比罗感到十分疑惑："这束光是哪里来的呢，难道是月

亮，月亮怎么会有这样奇怪的光学能力呢？"

他想起来了，车外正下着雨，而且天空乌云密布，哪有月亮？就在这时，巴比罗突然发现有一道明亮的蓝光，从正要上去的山冈照向他。光源在迅速地接近他，越来越明亮。

他以为是一辆货车正在对面迎面驶来，赶紧把车子开到路旁，开亮车灯，以免相撞。然而，这辆货车却不顾一切地继续向他接近。

巴比罗在车子里待了一会儿，发觉这辆货车并没有经过。就在这时，他突然看见在车外约15米远的地方悬着一个物体。他认为，这是一架要降落的直升机。

此时，他感到闷热和窒息，想透一下气，就开了车门走到车外，但外面还是同样的闷热，令人窒息。

盘子状UFO

他抬头往上看，听到一阵"嗡嗡"的声音。这个时候，巴比罗才恍然大悟，他看到的不是一架直升机，而是一个没有见过的奇怪物体。这个物体像两面隆起的盘子，有约7米厚，11米宽，表面呈黑灰色。盘子的内部异常明亮，但却看不到光源。

巴比罗发现有一个透明的布幕把物体包围了起来，闷热和窒息的感觉消失。此时，有一根管子从物体底部伸向地面。

巴比罗感到很害怕，惊慌失措地跑向树林。他觉得有东西在抓他的背，像有个橡皮套索围困着他。他奋力挥动着手臂，竭力想挣脱抓着他的东西。但背后并没有什么东西。

巴比罗转过身来，看到背后的车子。那个奇怪的物体还在，有一道蓝管子似的光柱从物体底部的边缘射出来。

当这道蓝光碰到他的车子时，怪事发生了，他能看到引擎、座椅和整个车子的内部。

他绞尽脑汁也无法理解所看到的现象。由于心情的极度紧张，他昏倒了。

当天下午，巴比罗在医院时，感到后背及臀部轻微发痒。第二天，发痒的地方皮肤开始出现不规则、无痛楚的蓝紫色斑点，在臀部地方的斑点更大而且更明显。不久，这些斑点变成黄色，很像淤伤。

医学博士在进行了认真的检查之后，肯定巴比罗的心理状态和环境适应力都很正常。

经过一系列的化验和分析，在斑点上找不到任何异物，脑电

飞碟的真相记录　飞碟迷影追踪

图也很正常。后来，对巴比罗进行了催眠实验，让他在催眠状态下叙述发生的事情。

实验的结果肯定了这个奇怪事件的真实性。看来宇宙人对人类并没有什么恶意，而是像人类一样，具有探知一切的好奇心。他们掌握的一些手段，如透视的蓝光，是人类所没有掌握的。

不同形状UFO分类

飞碟研究专家将目击者所看到的飞碟以大小来分类，从小型迷你型飞碟到大型飞碟，它们形状各异。

假设飞碟是外星人所乘坐的飞行器，那么可能由于不同的用途，而有各种形状和大小的区别。按照目击案例由大到小，可将飞碟分为如下几类：

超小型无人探测机：大多直径为0.3米。大的飞碟会飞进房屋内，在标准大小UFO出现前先发现这种小飞碟的情况居多，通常为球形或椭圆形。在马来西亚曾发现过迷你型UFO载有矮小的外星人，所以不能断定迷你型UFO是无人探测机。

小型侦察机：直径在1米至5米左右，曾有人目击到这种飞碟着陆，并从飞碟中走出外星人，外星人还在降落点附近进行各项调查。

标准型联络船：直径在7米至10米以上，大多数为圆盘形，是最常见的不明飞行物，可能是供外太空与地面调查的飞碟互相联络用的，地球人被绑架到飞碟的事件，也几乎都发生在这种类型的飞碟上。

大型母船：直径由几百米至几千米以上大小的飞碟，以圆筒形及圆盘形居多。大多是在几千米至1万米至2万米的高空被看到的，没有降落在地面的目击案例。

由于有许多目击者指出，有小型或标准型的UFO飞进或飞出，因此，这类最大的飞碟被认为可能是飞碟的大型母船。

若按照外形来区分，则飞碟至少可分为10多种，为什么有这么多形状的飞碟呢？它们各有什么样的功能呢？直至目前为止，不明飞行物专家们尚未找到其中的原因。

> 1957年7月30日，加拿大安大略省加尔特，15岁少年杰克·斯蒂芬斯在他家附近，看见一个圆形，顶部有盖的发光物体，在地面上空飞行了大约45分钟。它不断地转动着，然后很快又不见了。

听听飞碟传闻

　　进入20世纪以来,有关飞碟的传闻突然多了起来,这些飞碟有的与普通人接触,有的现身空军基地,有的与宇航员擦肩而过……它们到底要干什么?是善意,还是恶意?为什么给人类带来这么多的谜团?

与人接触的UFO

麦克默多和鲍勃的发现

麦克默多和鲍勃在非洲的奇特经历，使许多人感到不可思议，一时间UFO很少光临的非洲大陆，罩上了一层神秘的面纱。

一天下午14时，麦克默多和鲍勃正沿着一条不大的河流逆流步行而上，麦克默多突然发现正前方有一闪光的庞然大物，两人不知是什么东西，就好奇地藏在树丛后观看。

看了一会儿，麦克默多说："我以为是一个大皮球，但实际上却棱角分明，它自身发光，并不是反射太阳的光。光的颜色是白色的，后来那东西发出一股气流扑向我们。温度很高，我只觉得嗓子被刺激得直想咳嗽，却又咳不出来……"

UFO在传热吗

"就这样，它整个儿密封着，至少在我们这一面没有任何窗户之类的开口，只是在底部有几个支架伸出。我和麦克默多正恐慌地望着，只见从底部探出一支软管，闪着淡蓝色的光，并且插入河水中不停地抖动。当时我的右脚正插在水中，忽然感到一阵钻心似的疼痛。我跳了起来，右脚已成了黑紫色。我的朋友吓得大叫一声，他说他从来没见过这么可怕的颜色和伤势。"

"我又看了一眼那物体，软管周围的水竟冒出气泡。我非常害怕，背上鲍勃就准备逃跑，可腿又迈不动，一用力就瘫倒在地上。可怜的鲍勃疼得直叫。我的身体像轻微过电一样浑身发抖，

直抖得非常恶心！我又试着站起来，这次没什么问题，我背上鲍勃就往回跑，一直跑到我们的汽车前。"

在记者的询问下，两人谈起接下去发生的更奇特的事，他们驱车返回的途中，两人脸色惨白，鲍勃大声呻吟，麦克默多则六神无主。这时UFO再次出现，一个直径达4米的圆形球体悬浮在两个人的视野之内，它与上次的有些区别，发出淡蓝色柔和的光，比较强，并且好像在变换着光度，强弱不太分明。两人吓得一动不动，紧盯着那静止的发光体。此时鲍勃感觉右脚不像刚才那么疼了，但两眼仍紧盯着那奇怪的东西。

"车子不知什么时候在接受检查。我没有不舒服的地方，相反却有种飘飘然的感觉。我的手放在方向盘上，但并未感觉到它的存在。也不知过了多长时间，我……"麦克默多显得很费劲地想着，回忆出当时的情景，"后来，我们第一次见到的怪物出现了，它好像是从我们后面过来的。那小的斜着飞到大的背后，大

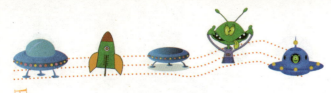

飞碟的真相记录
飞碟迷影追踪

个的好像是旋转起来，白光闪闪地一拐弯飞上了高空。再没看到小的，它可能是藏到大怪物肚子里去了。车子又发动起来，我直接开车回到了基地。一路上我那可怜的朋友却再没有发出呻吟的声音……"

农场主的奇遇

莫里斯先生世世代代是瓦朗索里的农场主。1965年7月1日，他像往常那样起得很早，开着拖拉机到田里耕地。不知不觉太阳升高了，莫里斯先生感到有些累了，他便坐下来，准备抽支烟稍事休息。

这时，一阵奇怪的好像钢锯锯金属的声音传了过来，莫里斯先生循声望去，80米外的熏衣草地一个古怪的东西停在那里。莫里斯先生以为是架直升机，后来又觉得像一辆多菲纳牌轿车，他弯着腰偷偷靠拢过去，看清楚了，那东西从未见过。

它是一个形状古怪的椭圆体，像一只巨大的蜘蛛趴在那里，里面还有两个小矮人，莫里斯突然有一股冲动，朝那物体走去，那两个小矮人的面目也清晰可辨了：他们脑袋特别大，嘴像个小洞，脸形与普通人完全不同，很丑陋。在距离5米至6米时，一个

小矮人从右侧盒子里拿出一根管子，对准了莫里斯先生。

这时候，莫里斯先生感到全身僵硬，动弹不得，如同瘫痪一样，一动不动地站在那里。两个小矮人又咕噜了几分钟，就敏捷地进入了飞行器。莫里斯这时才感到前所未有的恐惧，他仍被牢牢地固定在原地，想动动不了，想喊没有声音，他害怕自己会死在那里。

幸运的是半小时后他便可以活动了，回到家中。从第四天开始，他一直24小时都可以熟睡，并且两只手轻轻颤抖，这种嗜睡症状，一直延续了好几个月。

飞碟的拿手本领

使人或生物体瘫痪，正是飞碟的拿手本领。

1963年10月一个夜晚，在阿根廷的特兰斯卡斯市，3只凶恶的狗和几十只家禽在庭院中被不明飞行物的耀眼光线照得完全瘫痪达40分钟，光线的颜色由红色变成藕荷色，其中一只狗吓得要

飞碟的真相记录 飞碟迷影追踪

跳出铁丝栅栏,其他几只卧在地上哀嚎。

事实证明:飞碟的本领是多方面的。他们常常行雷运电,发雾发光,能使人昏迷,也能置人于死地。而人类对他们发动的最凶险的攻击,他们也可将之化为虚无。

1968年7月25日,一个椭圆形扁平的五色飞碟,在阿根廷奥拉瓦里亚机场降落,步兵团4名士兵连忙赶往该地,恰好有3个外星人从飞碟中出来。士兵们向他们喊:"不投降,格杀勿论!"

外星人丝毫不予理睬,士兵向他们开火了,然而子弹对于外星人毫无作用,飞碟更是安然无恙。这时外星人拿出一个发光球

体射出几束光,士兵们马上被击倒在地,等士兵恢复神智时,飞碟早就飞走了。

美国纽约的停电事故

还有一种威胁严重地影响了公众的生活,那就是大规模的停电事故。

1957年11月9日,当一个着火的圆球体向低空下降时,各个电器和电网的电压就开始急剧减弱。汉考克机场的几位工作人员看到了一个不明飞行物,沃尔什也发现了,那是一个十分巨大的物体,它缓慢地在低空飞行。

飞碟的真相记录 飞碟迷影追踪

罗斯和詹姆斯·布鲁金吃惊地发现，那个"通红的火球"离开了地面。它的直径在30米左右，而且在急速飞行，转瞬间便消失在夜空。

据罗斯判断，那个不速之客悬停的位置在克莱配电站上空。停电事故使600列地铁火车停驶，6万人被困在漆黑的隧道里。此外，数以千计的人被关在电梯中。市内桥梁和地铁隧道一片混乱，大小汽车你挤我撞，交通事故一个接着一个。

那天晚上，拉瓜迪亚机场勉强飞出了几架飞机，但肯尼迪国际机场只得取消全部航班。

事后，曼哈顿和纽约市的救护车全部出动，医院急诊室里挤

得水泄不通，疯人院里的床位都被抢订一空。据一则消息透露，连圣帕特里克大教堂里也住满了精神失常的人。当时，有人认为是敌人发动了闪电战，也有人以为天外来客入侵了地球。

是UFO捣的鬼

大家议论着这次波及8个州的停电事故。要知道纽约周围的电网可都是新设备。几家发电公司的负责人纷纷向电台发表谈话，表示不理解这次事故的原因。翌日清晨，各家报纸都把昨晚目击到的UFO说成是罪魁祸首。

美国全国广播公司评论员弗朗克·麦克吉在电台里播发了一份新的UFO目击报告。麦克吉说，在大停电事故前夕，一名飞行员曾看到一个红彤彤的球体在尼亚加拉瀑布城电厂上空飞行。

美联社立即转发了这条消息，许多报纸都作了报道。11月15日上午，纽约《美国人杂志》就锡拉丘兹《先驱报》的文章发表的长篇评述指出，事件是UFO造成的。此后，人们普遍认为，外星人派来的飞碟截断了我们城镇的电流。

经过长期调查，专家们私下里认为，只有一种解释，就是有一股强大的电磁波袭击了电网，并在很短的时间内产生了超高压电，烧毁了克莱配电站和亚当-贝克变电站的相应设施。

美国是世界军事强国，但2010年的某天，美国却有50枚核弹突然与控制中心失去联系，险些致导弹乱飞。军方称是电力原因，但是有专家称是UFO导演的一幕闹剧。

客机遇到的是飞碟吗

客机遇到黑色物体

1954年7月1日20时，一架英国海外航空公司的客机从纽约飞往伦敦，当它飞到距拉布拉多尔半岛的普斯湾360千米的上空时，机长霍华德突然看到飞机左前方有很多黑色的物体，飞舞于苍穹之间。当时飞机高度65千米，这些黑色物体与飞机基本保持平行，并始终保持着8000米左右的距离。机上所有工作人员和乘客也看到了这些奇怪物体，副机师李波德立刻用无线电询问克斯机场：这条航线的近旁是否还有航行的飞机。答复是没有。

古怪的排列方式

大家惊奇地小声争辩起来，有人说是飞碟有人说不是。这些物体的排列十分古怪，中央是一个巨大的物体，四周则有6个小物体，一先一后地护拥着它飞舞着；更奇怪的是中央那个巨大物体，竟在不断地一伸一缩，大小不定。至于它四周簇拥的小物体，由于形体太小，不能确定是否有变化。

怪物体突然消失

这时，虽然太阳已沉下地平线，然而天空仍相当明亮，能见度非常良好，在低空只有些微量的云层。

霍华德向机场报告发现了古怪物体，机场答应立即派机展开搜查。但机场的飞机还未升空，那些原与飞机一直保持着相当距离和速度的怪物体，却突然逐渐远去，仅一两分钟就已完全消失。从机长霍华德发现这些古怪飞行物到这些古怪飞行物自行消失远去，共历时约18分钟。

有关怪物体的报道

客机终于平安飞抵伦敦，有关古怪飞行物的消息随即不胫而走，新闻记者蜂拥而至，对机组人员及乘客进行采访。这类报道占去了当天伦敦各日报的大半篇幅。

在接受记者访问时，霍华德机长说："由不断的变更形状这一点来看，这些古怪物体不可能是金属制的。从飞行情状来看，其飞法并不像编队飞行。用形象的话来说，倒像是6只小鸟包围着母鸟飞翔。但可确定的是，它们根本不是鸟类。

世界上没有飞行时速达450千米的鸟类，况且还在4300米的高空。"那么，这些古怪飞行物是什么？最无懈可击的答案大概是：天外来客。然而，天外来客至今仍未能得到论证。

> 2011年4月30号，俄罗斯一架编号图-154的俄罗斯客机在起飞时遭遇UFO，差点相撞，事件发生后，飞机紧急迫降，媒体都否认是UFO参与的原因，说是机器故障。

飞碟的真相记录　飞碟迷影追踪

UFO现身空军基地

发现不明飞行物

1998年10月19日23时,驻河北省沧州空军某部雷达报警:机场上空发现一不明实体,并向东北方向移动。与此同时,机场地面人员也发现了这一实体。

据目击者说,当时机场上空出现了一个亮点,开始像星星,后来变成了并排两颗星,一个红,一个白,两星还在不停地旋转。它们渐渐变大,像一个短脚的蘑菇,下面似乎有很多灯,其中一个特别亮,强烈的光柱不停晃动,向地面照射。

战机与UFO周旋

23时30分,一架歼-6战机奉命出击。飞机升空后,飞行员很快就发现了那个飞行物。距离越来越近,飞行员看到那怪物的形状,它悬停在前方1500米的高度,样子就像科幻片描述的那样:圆圆的,底平,下面有一排

灯，光柱向下照，边上有一红灯，整体形如草帽。

"靠近它！"地面指挥命令，飞行员推动油门向目标扑去，离目标将近4000米时，草帽突然上蹿，飞行员立即拉杆跃升，当飞机上升至3000米时，发现目标飞到飞机的正上方。

显然，飞行物的上升速度要比飞机快得多。飞机下降离目标而去，那怪物尾随而来，飞机突然向上直冲，当飞机拉平寻找目标时，目标已上升到高于飞机2000米的上空。

飞行员继续追赶，可怎样也赶不上。直至飞机油量表指示告警，地面指挥命令飞机返航。当另外两架歼-8战机准备出击时，不明飞行物却已不见了。

频现中国领空

1999年12月12日，在我国台湾北部地区，一当地居民拍摄到了不明飞行物的照片。拍摄者称，当时他看到一个火球一样的东

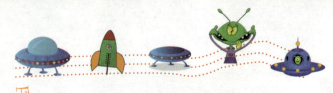

飞碟的真相记录　飞碟迷影追踪

西从天空划过,持续了大约5分钟。这个不明飞行物被怀疑是前几天曾在上海出现的飞行物。

1999年12月12日17时左右,北京市昌平区刘村镇西南部的上空,出现了两个不明飞行物体。中央电视台记者成功地拍下了这两个不明飞行物体。这两个飞行物与近日出现在上海的飞行物极为相似,两个飞行体一上一下缓慢向天空的南部移去。大约20分钟左右,飞行物体飞离记者的视线。中央电视台在当天晚上晚间新闻节目中作了报道。

1999年12月14日17时49分,重庆冯昌仁老人和老伴陪小孩在屋顶空地上练字,突然感到一亮光一闪,猛然抬头,只见一道强

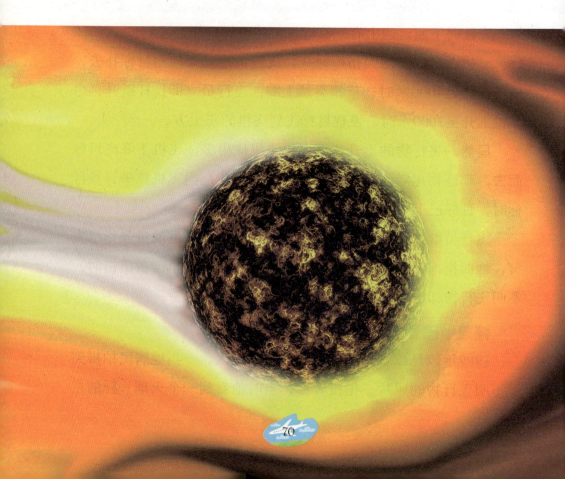

烈亮光正从黄角丫方向迅速掠视过来，还带着一个长长的尾巴。这道亮光比平常看到的飞机飞得高一点、快一点，很快飞向了港北方向，大约持续了两分钟。因时间太短，冯先生没有来得及拍下这道奇观。

记者得知后，迅速与驻渝空军某部取得联系，该部称，昨日重庆上空没有任何异常反应。市气象台也称，昨日天气没有异常变化。

教授质疑飞行器说法

1999年末在北京、上海、武汉、长春等地上空频繁出现的UFO究竟为何物，引发各种猜测。南京航空学院飞行器系教授、博导姚卫星说，从空气动力学的角度分析，这个UFO是飞行器的说法很难站得住脚。

首先飞行器要在空中飞行，就要通过一定的飞行速度来形成一个将自身托升在空气中的升力，但是从录像和目击者的描述来看，这个UFO的飞行速度实在缓慢，无法产生这样大的升力；其次在录像和目击

飞碟的真相记录

飞碟迷影追踪

者的描述中，UFO还会以静止的姿态停留在空中，而尾部的喷发物却冲向上，这在空气动力学中也是不可能的。因为飞行器要静止在空中，开始产生一个垂直向下的动力，那么它的动力面就应在下方、喷发物也是冲向下才对。

此外，这个UFO还会在极短的瞬间时而缓慢、时而飞快的变速方式飞行，从物理学的加速度上看，飞行器绝对做不到。姚教授认为，所谓的UFO极有可能是一团在落日光线斜射下、受忽快忽慢风力驱动的云朵，在目击者的眼中产生了错觉而已。

姚教授同时表示，以上理由是从目前人类的认知范围来谈，但假如真有地外文明向地球派遣了与我们的动力、操作方式完全不一致的天外来客，这就超出了我们目前对飞行器的理解了。

真是天外来客吗

专家们对此持审慎态度。他们认为，外星人飞行器光临地球，目前只是传说，人类并没有找到可以证明地球外文明存在的证据。紫金山天文台研究员王思潮、上海图书馆副馆长缪其浩也向记者表达了相同的看法。就目前而言，无论是人造飞行器还是无法证实的天外来物，都尚未对人类构成威胁。缪其浩更进一步表示了对媒体如实报道"不明飞行物"的赞赏。

上海天文台承诺，它将从"不明飞行物"的固定轨道和形状中作出精确判断，答案将会在不长的时间内揭晓。

1965年2月5日夜，美国国防部租用的飞虎航空公司的一架班机飞越太平洋，向日本运送飞行员和战士。大约在东京时间1时，机上雷达测得空中有3个巨大的物体在高速飞行。

科技人员目睹的UFO

飞碟的真相记录　飞碟迷影追踪

联合考察队的发现

UFO专家认为，目击报告的可信程度，往往与目击者文化素养的高低有很大关系。因此，有必要再列举几个科技人员目睹的案例。

1981年7月24日22时30分，在青海省大柴旦镇考察青藏高原自然景观的我国和前联邦德国的联合考察队在观测天气时，德国气象学家特洛尼亚博士和我国科学院兰州冰川冻土研究所的研究员李烈，以及青海高原生物研究所的研究员黄荣福一起看到了一

个发光体。这个发光体呈长筒圆柱状，长15米以上，筒的两端喷射着强烈的光束，光束可见长度约200多米。整个飞行物体被光包围着，从发现到消失长达15分钟之久。

看见螺旋形的烟雾

1977年7月26日晚，著名诗人流沙河正在翻译，忽听堂妹呼唤他去看户外空中一个不明飞行物体，他急跑出去，远远地看见西北方的天空中有一条发光的螺旋形的烟雾，其形状好像一盘蚊香，中心是一个亮点。烟雾自中心亮点向外做螺旋线引出约3圈后缓缓向西北方向飞去。

当时正在成都出差的云南天文台的张周生也看到了这一奇怪景象。

考察队员的目击报告

这里还应该特别提一下的是新疆地质考察队队员赵子允的目击报告。

1965年8月的一天夜晚，忽然看见一个脸盆大发着蓝光的火球由西向东缓慢飞来。当它飞到卡拉美丽山上空时，呈弹道抛物线往下降落，落到地面时弹起100多米高，复又落下，腾起一片火海，照亮了大片夜空。他们立即测定火球落下的方位，并认为是人造卫星落地时引起的大火。

第二天拂晓，赵子允和电报员李太谦按测定的方位追寻，直至2万米以外也未发现有卫

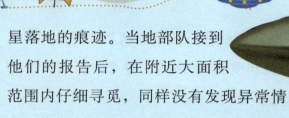

飞碟的真相记录　飞碟迷影追踪

星落地的痕迹。当地部队接到他们的报告后,在附近大面积范围内仔细寻觅,同样没有发现异常情况。值得庆幸的是,他们在卡拉美丽山采集到的天然重砂中淘洗出了宇宙尘埃。但它到底与宇宙星球有关,还是与月球有关,尚需进一步探讨。

月球上的智慧生物

这些年来,在频繁的对月球进行探测的过程中,宇宙探测器对月球的意外发现使人们产生了种种怀疑和推测:月球上当真有生物存在?据《中国科技报》及有关资料报道:

宇宙飞船月球轨道2号在宁静海,即月球上的平原上空49千米高度拍摄到月面上方有方尖石。此事非同寻常,需知方尖石是要用钉湿木楔的方法或使用酸类从岩石中开采的。

美国科学专栏作家桑德森对这些奇石作了仔细研究,他认为方尖石上,许多极其正规的图形线条,不可能都是自然侵蚀的产物。

在美国执行"阿波罗号"登月计划的过程中,宇航员拍下了一些月面环形山的照片。从这些照片上看,环形山上

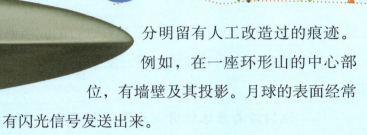

分明留有人工改造过的痕迹。例如，在一座环形山的中心部位，有墙壁及其投影。月球的表面经常有闪光信号发送出来。

1969年7月20日，"阿波罗11号"宇宙飞船，在进入绕月轨道时，发现一个不明飞行物在月球上空盘旋。"阿波罗11号"飞船在月球火山口着陆时，又发现两个不明飞行物停在火山口边缘的另一侧，然后又飞走了。

1990年4月18日，前苏联科学家比连诺夫博士和韦狄马·薛比博士，透过强力望远镜无意中在月球表面，发现一个巨大而神秘的人面像。它有轮廓清晰的深陷的椭圆形大眼睛和坚挺的鼻子，头上仿佛戴着头盔。两位专家估计这个人面像至少有50万年历史。

围绕月球出现的一系列文明活动现象，已使科学界中的有识之士警觉到，地外智能力量正在利用月球，但这一切，毕竟还只是一种推测。但这是哪里来的高智生命，是月球本土居民，还是外星移民？是生活在月球表面，还是生活在月球内部？月球上真有外星人？

阿波罗8号的发现

"阿波罗8号"的宇航员弗朗克·博尔曼、詹姆斯·洛弗尔、威廉·安德斯进行了首次载人月球轨道飞行，

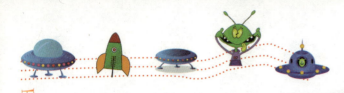

飞碟的真相记录　飞碟迷影追踪

这次飞行是在1968年12月21日至27日进行的。当他们一边绕着月球，一边观察未来的着陆地点时，发生了事前未曾料到的情况：

他们沿着月球轨道飞至月球背面时，空中出现了一个巨大的地外UFO物体。他们成功地将其摄入镜头，该物体直径有1.6万米。当他们再次飞至月球背面，准备再拍下一些照片时，那个庞然大物UFO已经消失了。这个巨大物体居然是突然消失的，因为在宇航员们当时拍摄的照片上没有留下什么物体正在着陆的迹象，也许它隐入了月球内部的地下基地？谁也不知道它的去向，真是桩怪事。

那物究竟是什么呢？宇航员们纷纷猜测。是处在月球内部的月球基地中的外星人建造的，还是前来牵制"阿波罗8号"的来自其他星球的宇宙飞船呢？

太空目击UFO现象，早在"双子座"飞船在太空中飞行时就见到过。甚至连《康顿报告书》也无法确切解释"双子座"飞船的宇航员所目击到的情况,发表了一种模棱两可的说法,即来历不明的飞行物体。

阿波罗10号的遭遇

"阿波罗10号"的乘员是塞尔南、斯塔福德、约翰·扬3人,他们首次进行登月舱的试验。他们的任务是进行人类实际登月之外的所有试验。他们乘登月舱下降到距离月球表面14.3千米处,拍摄了"阿波罗11号"着陆位置,在脱离指令舱8小时以后再实行会接。正如宇航员们所说,最困难的使命是全面试验登月舱,找到"阿波罗11号"准备着陆的地点。

"阿波罗10号"在月球表面飞行时,偶遇UFO的过程是这样的:1969年5月22日,在登月舱离开指令后下降到距月面还有72千米时,突然一个UFO垂直上升,向"阿波罗10号"登月舱致意。"阿波罗10号"的乘员们不仅目击了与这个UFO遭遇的过程,还来得及将其收入0.016米电影摄影机的镜头,并拍下了几张照片,但是这些资料从未公之于众。

阿波罗12和17号的奇遇

"阿波罗12号"以及"阿波罗17号"的宇航员的目击记录如

下：

"阿波罗12号"在距月球还有一半路程的时候，乘员们目击到3个UFO，当时宇航员报告说，他们与地面飞行控制中心的通话，被类似消防车警笛的声音所打断。

在"阿波罗12号"返回地球、降落太平洋之前又看到一个UFO；

"阿波罗15号"的宇航员斯科特和欧文看到月球上空一闪而过的飞行物体；

"阿波罗16号"在月球轨道上飞行时，宇航员马丁利看到一个发光物横穿过月球上空，2秒至3秒钟后，在月球的地平线上消失。

美国ＮＡＳＡ的科学家法尔克·埃尔·巴斯说："宇航员目击到的这种发光物肯定是UFO。

不管怎样，据我们所知，还没有以如此高速飞行的飞机。无论在月球表面还是月球上空，世界上都没有那种飞行物。"

"阿波罗17号"的宇航员伊文思和施密特目击到两个UFO，他们两人是首次登月的科学家。

我还想知道

宁静海又译为静海。是月球上的一处月海，位于宁静盆地之内，也是阿姆斯特朗当时登陆月球的地点。该地区也是"阿波罗11号"、"阿波罗17号"、"阿波罗16号"的登陆处。

宇航员遇到的UFO

飞碟的真相记录　飞碟迷影追踪

月球上发现飞碟

1966年12月21日，由船长弗拉克·鲍曼，驾驶员詹姆斯·拉佩尔和威·恩道达斯3人乘坐的"阿波罗8号"飞船飞向月球，在圣诞节的早晨进入月球轨道，他们成为用肉眼观看月球背面的最早的人类。

在离月球表面100千米高处用带望远镜的照相机拍摄了第一张月球背面照片，并且显示出飞碟的降落点。当你看了照片后，一定以为是从人造卫星或飞机上拍摄的地球表面照片。可是，这

些景物不是地球上的东西,而是月球背面拍摄的月球照片的局部放大。在荒凉、贫瘠的月球上看到的这些景物就非同寻常了,那是人类长期争论不休的飞碟存在的实证。

照片的实际意义

这些照片是有权威性的美国宇航局分析的,意味着有非常惊人的地方。照片上被照出的飞碟超出了我们想象的机械观念。因为照片中飞碟是在不同高度,所以不清楚是否同一机种。假定是同样大小的话,估计其直径大于1万米,相当于一个城镇那么大。对比照片中仰望飞碟矗立的纺锤形物体,则旁边的飞碟有其10倍那么大。这是来自其他星球超智慧生物的杰作,当然不能用现代人类的技术水平或价值观去衡量它。

UFO存在的事实

至今,美国当局对UFO情报仍采取否定态度,但是,不管怎样否定也不会改变UFO存在的事实。瑞典科学杂志《莱顿》曾报道:"苏联宇宙飞船在月球背面发现飞碟基地和一个城市。前苏联的决策者决定不发表这个惊人的发现。"

据苏联《宇宙》杂志编辑廉阿普拉哈姆·维里斯博士说:"苏联政府决定不正式发表这条消息,是害怕让别国知道。苏联对其他国家不信任,不想让自己的知识被别人知道。"

UFO专家的断定

美国宇航局的照片,将20世纪视为最大神秘的飞碟的真面目公之于众,它为外星文明不久将来到地球的近邻,即月球,把人类置于其监视之下,提供了一个明显的证据。有UFO专家曾断

飞碟的真相记录　飞碟迷影追踪

定：月球是飞碟基地之一，现在看来，轰炸机的发现，无疑为这种说法增添了可信性。确实，以离地球较近而人们又很少注意的月球作为基地无疑是比较理想的。

宇航员发现UFO

在月球表面上空或月球表面上有UFO出现，这绝非偶然事件。因为偶然事件不会一而再，再而三。"阿波罗11号"在月球表面上又遇到了UFO。

1969年7月19日，美国东部时间下午18时，人类第一次登月的前两天。宇航员奥尔德林操纵着登月舱，宇航员阿姆斯特朗一边用0.016米电影摄影机拍摄月球表面，一边听着地面飞行控制

听听飞碟传闻

中心发来的关于登月舱着陆时应注意事项的提示。就在这时,两个UFO突然出现,其中一个比另一个明显大得多。两个UFO向着已进入月球轨道的"阿波罗11号",从月球表面垂直升上来。

这两个UFO以惊人的速度到达了与电影摄影机水平的位置。当时两个UFO急速改变了方向,迅速飞过"阿波罗11号"乘员的视野。

几秒钟后,这两个UFO又出现在"阿波罗11号"的上空并降低高度,奥尔德林将摄影机转动了90度,那两个UFO像是愿意被摄入镜头似的,并且悬停不动了。

奥尔德林在"双子座12号"飞船上,也曾目击过4个UFO,对于"阿波罗"计划中各次飞行在月球表面遇到UFO的情况,美国顿·约翰逊曾撰文在《扑朔迷离的月球之谜》中揭示过,并有目击记录。

> **我还想知道**
>
> 人们常将UFO与飞碟等同起来,其实,飞碟仅是UFO的一个局部。UFO有3种:1. 不明的自然现象,如宇宙空间的流星体、大气涡流等;2. 科技发达国家发射的秘密飞行器;3. 外星人的飞船。

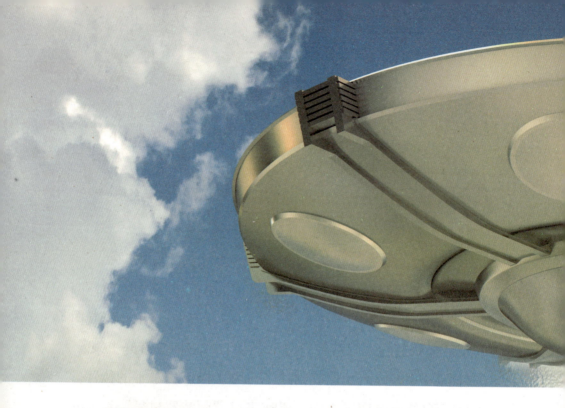

飞行员遇到的是飞碟吗

飞行员与飞碟相遇

1982年6月18日夜晚，空军航空兵某部组织跨昼夜飞行训练。飞行员刘某驾驶某型高速歼击机航行。

22时6分50秒，距离讷都10千米左右，在无线电罗盘指示的方位上，发现地平线上一个明亮的物体似出非出，很快形成一道橘黄色的光束，逐渐上升变亮。约30秒钟后光束消失，遂出现一个橘黄色的球状体，如同农历十五的月亮。

10秒钟后，这个球体向他高速旋转而来。在旋转的飞行过程中，产生出一圈一圈的光环，呈现波纹状，并能够明显地分辨出橘黄、浅绿和乳白三种光色。

  光环的中心还呈现出火焰，像点燃的火药。光环中心的橘黄体发生了像手榴弹爆炸一样的变化，继而出现了一个半圆状体。这个半圆状体急剧膨胀，瞬间悬浮在空中。

  整个物体呈乳白色，中间深，周围浅，边沿清晰明亮，底部模糊。右下方有一条不规则的竖长形物，约2米长，颜色近似于绿，十分明显，他在7000米的高度上略微仰视才能看到顶端。为了避开这个物体，他上升高度至3000米，依然未能奏效。最后被迫返航。

返航后的奇迹

  返航飞行5分钟之后，物体中那个竖着的长条形突然就消失不见了，消失的位置马上出现空白。紧接着几块不规则的黑影从飞机旁掠过。

  大约10秒钟，那个消失的长形块又在原来的空白位置上出

现。当飞机返抵离机场40千米时，无线电罗盘指示和无线电联络恢复正常。22时36分安全着陆。

在与不明飞行物相遇的过程中，空中另外4架飞机上的6名飞行员也分别在张北和怀安等地上空目击不明飞行物，无线电联络也都程度不同地受到干扰。由于他们飞行科目与刘某不同，不允许分散精力，因而未能看到不明飞行物发展变化的全过程。

乳白色的物体

据机场地面目击者陈述，22时10分，一个形似闹钟罩的乳白色物体，在张北以北上空出现，接着就像气球充气一样，有节奏地、波浪式地向周围递增扩展，扩展的速度比氢弹爆炸时升起的蘑菇云还要迅速猛烈，一会儿的工夫就像一座大雪山矗立在空中，仰视才能看到顶端，整个物体呈现乳白色，并且有光泽，边缘清晰明亮。

肉眼观察，空中面积西起张北，东至崇礼，距离在15千米以外。后来整个物体由浓变淡，透光，22时30分基本消失。

空中另外4架飞机上6名飞行员和地面人员，目击的情形与飞行员刘某的目击时间、形状、光色、运动情况、可见条件和视直径等基本吻合。这个乳白色物体也许就是一个飞碟。

1990年11月5日，英国皇家空军一架旋风战斗机飞过北部海洋上空时，遭遇一个UFO。战斗机飞行员报告说："一个UFO显然在我们右侧，它开始加速离开。另外两架旋风战斗机也看到了它。"

UFO坠毁市郊是真的吗

UFO坠毁市郊

1948年3月25日,美国新墨西哥州的奥德克市郊上空,突然出现一个银光闪闪的圆盘形飞碟。奇怪的是它在空中抖动了两下后就坠落下来,最后坠毁在该市东北19千米处。

当时,处于不同位置的3个雷达站同时发现了它,并一直跟踪,它最终消失在雷达屏幕上。军事雷达站的值班员借助三角测量法测定出了它的坠毁地点。

联合调查组的发现

为了更好地研究飞碟,成立了联合调查组。调查组就在奥德克东北19千米处发现了那个坠毁的飞碟。一个直径30多米的银白

色金属圆盘半倾斜地躺在一片荒野上。

调查人员对飞碟外壳采用化学方法、物理方法以及激光技术和显微摄影法进行研究，得到了一个惊人的发现：飞碟外壳是用类似铝一样的高熔点轻金属制成的，它轻如塑料，但比金刚石还要硬，表面十分坚固，即便用金刚石钻头也无法穿孔，能耐受住1万℃高温。

进一步分析还发现，构成飞碟外壳的金属是由30多种元素组成的，在我们地球目前的实验室条件下，还制造不出来。

UFO的结构特点

研究发现，这是一个平心轮式飞碟，它的金属环围绕着一个平稳的中心舱室旋转。它上面没有一颗铆钉、螺栓和螺母，甚至连一点焊接的痕迹也没有。这个飞碟坠毁时虽未发生爆炸，但已完全没有用。

调查人员仔细研究后发现,飞碟上有自动驾驶仪的装备,它是由许多部件组合而成的,这些部件安装在凹槽中,密集地彼此相连并与飞碟主体联结着。飞碟舱室的直径为5.5米,它位于飞碟主体的上部,周围是与舱室中的驱动装置相连接的传动机械。

14具外星人尸体

调查人员在飞碟内共发现14具类人生物的尸体,他们的身高约0.9米至1.05米。由于飞碟坠毁时的强大惯力,有两个飞碟人被重重地摔到仪表盘上,他们的尸体被烧成深褐色。其余的12具尸体都两臂大张地躺在舱室的地板上。

3天后,坠毁的飞碟连同外星人尸体被秘密运到达洛斯阿拉莫斯的一个海军备用机场。而且在那个机场放了一年多,后来又被转运到另一个军事基地。

研究人员的结果

研究人员仔细研究发现:他们的面部特征很像蒙古族人种,大脑壳,额头又高又宽,下颌小些,但稍微有点突出;头发长而

光亮；大眼睛翘向太阳穴；鼻子和嘴很小，嘴唇很薄；躯干瘦小，颈部很细；手臂瘦长，可垂至膝盖，手指间还长着蹼；脚扁平，脚趾很小。平均体重只有18千克。

这些外星人没有消化系统和胃肠道，没有直肠和肛门，也没有发现生殖器官。

美国细胞遗传学家进行了细胞组蛋白的称重实验。在第一次实验中，外星人细胞组蛋白的重量小得惊人，比我们地球人的小许多。可是，进行第二次实验后，结果和第一次一样。

科学家们都认为，遗传学理论正面临一场新的挑战，需要重新加以研究和确立。

> 1965年12月9日，美国宾夕法尼亚州凯克斯堡发生一起UFO坠毁事件，当地消防员詹姆斯·罗曼斯基奉命前去灭火，他看到那个神秘的UFO表面却刻有类似古埃及象形文字般的记号。

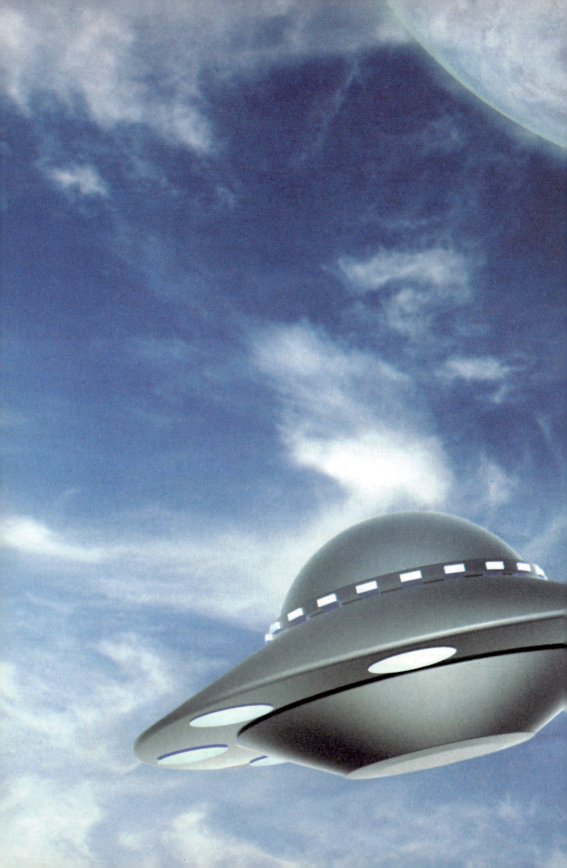

看看飞碟记录

　　飞碟给人类留下了多少迷惑,就给人类留下了多少探索,多少年来,世界各国的科学家从未停止过探索,也取得了一定成果,让我们看看前人留下的记录,追寻飞碟的踪迹。

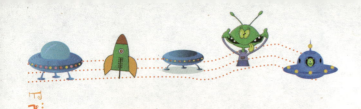

飞碟的真相记录　飞碟迷影追踪

会喷火的UFO

倒圆锥形的喷火飞碟

一天傍晚,美国人贝蒂与比琪开车回家的途中,看到一个发光的巨大物体。当他们的车子来到物体前40米至50米处时,看到物体下部正喷出熊熊的火焰。

UFO大小如同狄顿市的给水塔,颜色是没有光泽的银色。UFO的形状恰如去掉一半的菱形,中心有若干蓝光环绕。从下部

喷出的火焰像太空的喷射火焰那么激烈,形成倒圆锥形。

飞碟火焰产生的高温

随同火焰一起散发的热气使得附近的温度急剧升高。他们的脸和手都因高温而产生了灼热感。比琪为了看外面的情景而把身子伏低,双手则按在仪表板上面,霎时感觉双手像被烧一般,她叫了一声,把手移开。仪表上面清晰地烙着她的手掌印。车体的金属部分已经热得不能碰了。

UFO下部的火焰时喷时停,喷出的火焰能上升几米高,不喷却又下降。大约在贝蒂停车的10分钟后,UFO最后一次喷出火焰,而且升高一大截,火焰消失之后,UFO继续缓缓上升,越过

松树林的林梢。

就在这个时候，随着一阵"噼里啪啦"的声音，四面八方都有直升机飞来，直升机大多属于前后有螺旋桨的双旋转翼型。就像大规模的军事演习一般包围了UFO。

当UFO与直升机消失在松林对面，附近又恢复了一片漆黑。

UFO与地光

UFO为什么会喷出火焰呢？有人将UFO喷火看作是地光现象，或将地光现象视为UFO。UFO和地光两者容易混同并非偶然，也许弄清地光的成因，不但可把UFO与地光现象区别开

来,还可为弄清UFO运动机制提供线索。

那么,什么是地光现象呢?地光是强地震前后常见的一种自然现象。1975年2月4日6时许,辽宁省南部海城与营口一带,虽然天色还未完全黑下来,但能见度已很低了,汽车只有打黄灯才勉强行驶。突然,暗淡的天空豁然开朗,人们重新看清了道路,甚至能看清室内的物品。在海城招待所人们甚至看到了满天的红光,后来又变为白光。这就是一种强烈地震前兆现象,即地光。

地光闪耀的同时,往往伴随着"轰隆隆"的响声。如在海城地震前,在辽河职工医院有人看见像电弧光似的一片白光,持续约一分钟并伴有腥臭味;地光也有许多不同的表现形式。在海城、营口和盘锦一带的许多地区,还有许多人看到从地裂缝中喷出火球状光亮,就像信号弹一样,不带尾巴,各色都有。

与UFO相近的火球

在地光的形态中,与UFO最为近似的是火球现象。1976年,我国松潘地震时有大量火球出现。仅8月16日晚地震前后,江油的

一个农民就看到400多个火球。有人描述道:"我们先看见几处冒出零星的火球,以后越冒越多,难以计数。球刚冒出时有碗口大,当升高到10多米后,就变至簸箕般大;先是白色,后变为乌黑,还伴有响声,同时闻到一种火药味。

范围估计约有3000米至4万平方米,持续约15分钟。在火球发生的时候,收音机、罗盘等均未出现任何干扰,也未发现物质的放射性增高。"

火球的两种类型

我国学者黄录基、邓汉增在研究火球时认为分两种类型:

A型火球,通常在地震前不久和震时发生。它们主要出现在震中区,没有明显的分布规律,也看不到来自地下的通道,总是突然出现在空中。球体大小不等,红色居多,间有蓝色、白色,移动迅速,有时带有响声,同时可见到其他形态的地光。

B型火球,是信号弹式或流星式的球状光体,发震前后都有,出现的范围也较广,但与一定的地质构造及地理条件有关,常直接从地面裂缝、冒水孔、河沟等处升起。上升高度一般为一二十米。球体大小较悬殊,小如鸡蛋,大如脸盆。颜色以红色居多。有时随风飘忽不定,也常伴有响声,

并往往带有一股难闻的气味，如硫磺味等，严重时，可灼伤人畜。

可见，火球具有随风摇曳和只能上升，无磁场干扰的特征，说明它与UFO有本质上的区别，但是它的发光现象及有硫磺味产生等一些特征，又与人们遭遇的UFO有相同之处。它们之间究竟有什么联系呢？

地光现象是怎么回事

地光现象已引起人们的广泛注意，特别是近代它更是地震工作者苦心研究的对象。人们试图用不同原理来解释它。

1966年，原苏联塔什干大地震前几小时，塔什干上空突然发生了一次电子暴。天空中耀眼的白光像镁光灯一样，使人目眩。

更令人奇怪的是，地震前后都有人发现，室内的日光灯无缘无故地自动闪烁。科学工作者也测到了电离层中电子密集度达到顶峰。

早在1961年，日本学者安井丰等在研究地光时，就注意到了

大气电场的问题,后来他研究了日本、美国等地的地震发光现象。于1972年提出了"地光现象是地震时剧烈的低层大气振荡"的看法。

他认为:在地震区常会有以氧为主要成分的放射性物质,被从地里"抖"到大气中。特别在含有较多放射性物质当中、酸性岩石分布区和断层附近,大气中的氡含量将有显著提高,这也将大气离子化增强,导电率增加。

如果地面存在一个天然电场,那么就会发生向空中的大规模放电使地光闪烁起来。大面积放电和氡蜕变时放出的射线都有可能激发荧光,使日光灯管闪亮。

美国科学工作者的研究

美国的科学工作者为揭开地光之谜做了大量的研究工作,已迈出了重要的一步。

据报道,他们在实验室里对圆柱的花岗岩、玄武岩、煤、大理石等多种试样样品,进行压缩破裂实验时发现,当压力足够大时,这些试样会爆炸性地碎裂,并在几毫秒内释放出一股电子流。正是这股电子流,激发周围的气体分子,使它们发出微弱的光亮。

芬克尔斯坦和波威尔

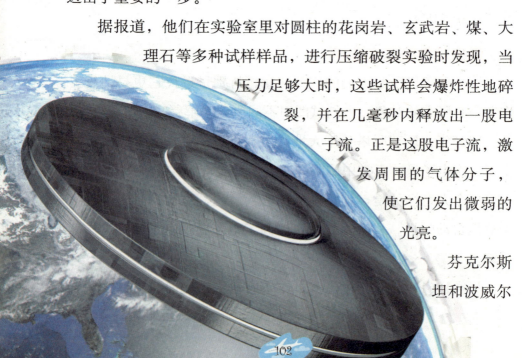

认为，当石英在地壳岩层中有规律排列时，如果沿长轴排列的石英晶体的总长度，相当于地震波的波长时，就会产生地震等压电效应。若地震压力的压强为30帕至300帕，就有可能产生每平方厘米500伏至5万伏的平均电场，这电场足以引起闪电那样的低空产电现象或者产生地光。

众所周知，石英是地壳中分布最广的矿物之一。这些地光"佛灯"和"鬼火"是否都与石英释放的电子流有关，以及这些地光是石英受压后释放的电子流，还是其他原因使其抛射电子流的，还有待于进一步探讨。

2004年3月，一次军事飞行任务变成了一场疯狂搜索，寻找似乎正与飞机并列飞行的物体。就连雷达都看不到这个飞行物；只有红外线能够侦测出来。墨西哥军方公开了这次飞行过程。

飞碟的真相记录　飞碟迷影追踪

UFO是在戏弄空军吗

UFO拦截飞机

1982年4月13日5时15分，西班牙正利阿里群岛的桑塔尼军事基地上空，出现了6个盘状UFO。开始，从空中旋转着降下一个直径约一米的盘状物，它悬浮在一架正在装货的飞机尾部上方。像一只倒扣的菜碟，上部发光，下部较暗，毫无声息，没过多长时间，又向高空飞去，与另外5个盘状飞行物会合，去拦截一架正在航行的大型运输机。

这时，基地雷达测得6个UFO的反射回波，看见它们摆成"八"字形挡在运输机的前方。指挥中心派一架战斗机紧急升

空,试图驱散正编队飞行的不明物体。战斗机升空之后,那6个UFO仍然边退边拦,并随运输机的速度变化或快或慢。战斗机快靠近运输机时,那6个UFO突然会合到一起,好像合成了一个整体,转眼间就快速离去,消失得无影无踪了。

UFO多次戏弄飞机

据调查,UFO戏弄飞机的事件,不仅地中海附近的上空出现过,在英国和韩国等其他国家也发生过类似事件。英国皇家空军多次被UFO戏弄。这说明UFO的飞行机动性能大大超过了地球人的战斗机,自然就更优于普通客机和货机,UFO的优良特性、自卫能力和攻击能力也比地球人的飞机强得多。

以前,凡是攻击UFO的飞机几乎都是无功而返或机毁人亡。因此,有的科学家提议,千万不要向UFO挑衅。

UFO为何与飞机对峙

一些目击者为UFO提供了很多可靠的证据,都证明了UFO对无线电、飞机上的仪器、家用电器、电视、汽车有影响,还会造成城市大规模停电事故。

1974年的一天,朝鲜半岛滨城海域浓雾迷漫,茫茫一片。陆地上的空军部队严密监视着海空,一枚枚隼式导弹耸立在发射架上,随时准备点火发射。

10时,空军基地的雷达收到了一个陌生的无线电信号。一个幽灵般的物体从大海的上空迅速飞来,闯进了滨城海岸的警戒系统。监视海岸的军人们发现,浓雾里有一个十分庞大的黑影。

稍过片刻,大家清楚地看到,那是一个金属盘状物,呈椭圆形,直径约100米,高度在10米以上。它燃烧着,浑身火一样的红。它发出红、绿色光线,并且在自身的周围急速地做逆时针方向旋转。突然,这巨大的飞行物停止了移动。它既不是导弹,也

不是普通飞机。它上面没有任何标记,而且已经飞到了一个危险极大的区域。基地指挥部断定,这是一架怀有敌意的飞行器。

UFO的威力惊人

第四发射台上的上尉见此情景,立即下令发射导弹。第一枚隼式导弹拖着烈焰腾空而起。极度紧张的指挥人员战战兢兢地观察等待着这第一个行动的结果。

可是,隼式导弹没有击中目标,一道白炽强光反而准确无误地击中了运载火箭和弹头,转眼之间把导弹熔化了。而那个不明真相的飞行器骤然加速,几分钟之内便从雷达荧光屏中消失了。

此事令基地人员恐慌不安,这个不速之客不邀而至,不辞而别,企图何在呢?难道它仅仅是来侦察一下基地吗?它发射的白光只是为了自卫吗?莫非它是蓄意挑衅?

第四发射台的上尉军官惊恐万状,一颗耗资百万美元的极为复杂的导弹竟在眨眼之间熔化不见了,他百思不得其解。万幸的是地面人员均安然无恙。

次日一大早,全营值班官兵举行了秘密会议,基地司令要求大家不要谈论此事。然而,大家关心的不是保密问题,而是自身的安全。

1956年,英国剑桥郡和萨福郡的几个镇上空,经常出现UFO,英国皇家空军飞机多次紧急升空,但UFO每次都像在做空中游戏一样,把皇家空军的战斗机戏弄一番后扬长而去。

UFO在骚扰民航机吗

UFO骚扰客机

1959年2月的一天，美国宾夕法尼亚州和俄亥俄州的6架民航飞机的机组人员，在飞行途中目击了3个不明飞行物，其中一个UFO两度离开编队，降低高度，向飞机靠拢。

机长基利安看到不明物体向他飞来，他迅速调头返航。就在此时，只见那飞行物骤然停止下降，悬浮在空中，仿佛它的目的仅仅在于监视或观察飞机似的。

过了片刻，不明物体如闪电般的回到了编队之中。过不多久，它又突然向飞机冲来。

基利安知道，要是那个奇怪的物体再向飞机靠拢一点的话，恐怕全体旅客都会惊恐起来。因此，他决定拐弯避开UFO。说也奇怪，这个不明物体又迅速升高，回到了自己的队伍里。

其他人的证实

基利安向另外两个机长通报情况，后者回话说，他们也看到了这3个不明飞行物。基利安机上一位名叫庞卡斯的乘客，是一位航空专家，当飞机在底特律机场着陆后，他向新闻记者发表谈话说："当时天空晴朗，我看见了那个不明飞行物，它们呈圆形，飞行时有严格的队形，我从未见过这种现象。"

另一架飞机的机长和他的机械师也向报界证实了此事，937班机和321班机的全体乘客也都证明，基利安的目击经过完全属

实。他们认为,那3个飞行物是从未见过的。

客机被跟踪

1967年2月2日,一架秘鲁航空公司的ＤＣ－4式客机曾被不明飞行物紧紧跟踪了300千米。这架飞机的机长奥斯瓦尔多·桑比蒂详细地讲述了事件:

2月2日18时,我们从皮乌拉起飞,飞往首都利马。半小时后,我们飞行到奇克拉约2000米的上空。

忽然,我们在飞机的右侧发现了一个发光的物体。那个物体放射出强烈的光芒,外形是个倒置过来的锥体。

当时它离飞机有几千米远,它处在与飞机同样的高度,而且航速航向都一样,就像在附近监视我们似的,与飞机并列飞行。

但不久,我看到那物体以神奇的速度,做着许多奇怪的动

飞碟的真相记录　飞碟迷影追踪

作。有几次，它垂直地升入天空，然后又下降到了先前所在的位置。我让机组人员密切注意该物，并把这件事报告了全体乘客。我对他们说，看来这个东西在监视着我们。

它在飞机右侧飞行，时不时地上升或下降。我注意到，它一直发着色彩鲜艳的光芒，上部是淡蓝色光，而下部是红光，当它稍稍升高，蓝光从飞机上方掠过时，就变成了红光，而红光则变成了橙光。我发现它底部的形状像漏斗一样。

客机里的惊慌

当时，我试图同塔台取得联系，但不知道为什么无线电已经失灵。机舱内的灯光也变得十分微弱，我拨弄着无线电收发机，但还是没有声音，那个不明飞行物跟踪了一小时之久。夜幕降临时，它突然离去。

我走到客舱时,看到不少乘客都吓得面如土色。有几个女人简直快吓疯了,还有几个号啕大哭起来。当那个不明飞行物消失后,我与利马联系上了。无线电收发机开始正常工作,灯光也恢复了亮度。

但是,就在我报告这件事时,那个飞行物又飞了回来。这一回,不仅又多了一个不明飞行物,而且它们还一同朝我们飞来。它们的体积和外形都一样。当我向地面塔台报告说有两个不明飞行物出现时,它们都在转瞬之间飞逝而去。以后,我就再也没有看到它们。

不明飞行物要干什么?它为什么要跟踪客机?客机上的无线电为何会失灵?

有关专家听说此事后,专门采访了机长奥斯瓦尔多·桑比蒂,并认真分析了他说的每一个细节,同时还请飞机机师对飞机进行了全面检查,结果发现飞机一切正常,没有丝毫的损坏。

既然如此,会不会是不明飞行物在与客机捉迷藏?研究者认为,它不可能会有这种闲心,因为它来自一个不可知的地方,它不远万里来到地球肯定有自己的目的。

那么,不明飞行物真正的目的是什么?它对地球人类是善意还是恶意?这一切都还是一个谜。

自1981年12月份以来,挪威罗洛斯镇北部的一个叫作赫斯达伦的小山谷一直被一些怪异的光团骚扰着,每星期竟然会有20次之多。

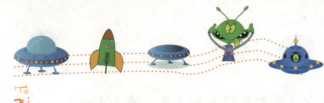

飞碟的真相记录　飞碟迷影追踪

UFO为何在地球上作画

神秘的圆状痕

1987年，在英国WhitepaRish大麦旱田，出现了一个圆状痕。此同心圆的神秘痕直径为15.38米，两圆距离为2.68米，圆周痕宽为1.18米。

它的内圆圈的旋涡为顺时针方向，外圆圈为反时针，这是个典型的圆状痕。由于这些圆状痕连续在英国出现，因而成立了专门研究的组织，这使得英国的神秘圆状痕闻名于世。

在过去几年中，已有好几百个此类型的圆状、环状、螺旋状及其他形状的作物圆状圈图形，都出现在英国3个地方所连成的三角形区域内，一般人称之为"威尔特（郡）三角"，而此区域也靠近英国巨石文明遗迹，因此有人曾将这联想到百慕大三角。

事实上，圆状痕可能在几百年前就曾出现过，可惜并没有任何记载或留下任何证据。到1950年至1960年左右才有圆状痕的正式报告出现，但也没有详细记载及照片，只有附近居民的证词。

圆状痕的研究

1966年1月19日，澳洲的昆士兰州北部农村发生了UFO遭遇事件，事件之后的草地上发现了顺时针方向的圆状痕，顿时引起世界科学家的注意，这应该是圆状痕最早被研究的案例。

根据英国圆状痕研究团与阿林·安德鲁的研究，这些圆状痕事实上有一定的几何规则，有单圆、同心圆、椭圆、大小二圆

组、三圆组、同型二圆组、五圆组、多重同心圆组等,更有趣的还有男女性别符号组。

而无论哪一个国家的小麦、玉米、大麦旱田或是稻田、草地的圆状痕,都有下列特征:

1.农作物依方向倾倒成规则的螺旋或直线状,但作物外观完好,丝毫没有受损的痕迹,而谷物倾倒方向大致有10多种形态。

2.附近找不到任何人、动物或机械留下的痕迹或印痕。

3.作物倾倒程度都与地面齐平,有些在最中心处有一两根作物直立,或呈现金字塔型。

4.整体外观非常整齐,没有零乱感。

5.事件都发生在晚上,没有人亲眼目睹圆状痕的形成过程。

6.在事件发生的晚上,附近都曾出现不明亮点或是爆炸声。

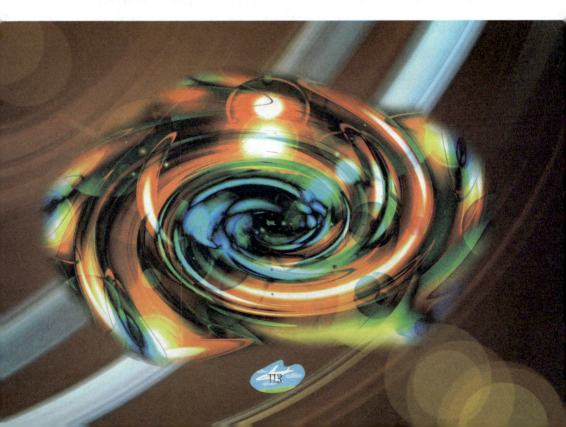

7.正中央部位都有异状物质，有些具有微量放射线，有些不太清楚真正成分。

圆状痕生成原因

事实上，圆状痕生成原因可能是：

1.人为的恶作剧。这是大多数人的想法，但这种可能性很小。英国研究团体曾进行几项实验，结果是留下满地的痕迹，而且也无法形成如此整洁的圆状痕迹。

2.大自然力。风力的确会使小麦田倾倒成一定痕迹，但要成为圆状则需要在实验室控制风力下才有可能形成，而且几乎不可能形成同心圆及其他有规则的几何图形。

3.病毒引起。某些生物学家认为，这是作物感染某种病毒所引起的倒伏现象，但至今并没有出现过病毒造成作物以规则性几何图形倒伏的例子。

4. UFO降落痕迹或来自宇宙的讯息。英国研究神秘圆状痕的人员曾经大胆假设，认为这是UFO降落后所留下的痕迹，根据他们的研究，推想出3种造成圆状痕迹的UFO形状。但是，UFO着陆后痕迹与世界各地的观点不同。

这种神秘的圆状痕已出现在世界上的许多国家，有些人认为，这是某些事情的预告，外星人将来临，世界末日？有些人则认为这是无稽之谈，人们对此众说纷纭，没有一个统一的结论。圆状痕到底是如何形成的呢？至今仍是个解不开的谜。

> 2007年7月2日，英格兰威尔特郡惊现一个直径约为61米的三维立体麦田怪圈。它距一个拥有5000多年历史的新石器时代墓葬坑遗址只有几十米之遥。

飞碟的真相记录　飞碟迷影追踪

UFO为什么袭击城市

UFO降临莫斯科

1981年11月16日20时左右，在前苏联莫斯科市区东部的依兹玛伊公园里，无线电工程师蔡伊特斯基和好多过路人看见一架发光的圆形UFO从公园的树丛后面突然升起，飞行在夜空之中。

而且蔡伊特斯基等人还听见树丛后面有妇女在狂喊："魔鬼降临了！"

妇人指着雪地上一个完整的圆圈形状，显然是热力溶化的痕迹。她说："有一个飞碟降落在这里，飞碟门一开，走下来一个怪物。"

妇人还说："它的头好似一个翻转过来的漏斗，两眼又圆又大，毫无表情，它的手只有4个指头。它的身体有四肢，身材宽大，好像是男子汉。身上没穿衣服或者只穿着贴身的紧身衣。"

怪人听见妇人的呼叫，立即返回飞碟内，马上腾空而去。

莫斯科再现UFO

UFO登陆莫斯科并非第一次。1981年4月初的一天夜里，天还没有亮，大约4时，住在一幢政府公寓的几个高级工程师、前苏联国防部的官员和一位医生，早早起来准备上班，他们在各自的房间和浴室里都看见了天空列队飞行的4个发光的飞碟。

莫斯科大学物理教授齐高率领20位科学家调查了这一报告。他说上述目击证人都有身份地位，也特别可靠，并非捏造。

证人述说，4个飞碟都有透明的塔形驾驶舱，可以看见里面驾驶员的肩部以上，4个驾驶员都是人类形状，头戴透明的太空盔，面无表情。飞碟低飞时就在屋顶，悄无声息。每个飞碟都向地面射出一道绿光。

莫斯科遭到UFO袭击

1981年8月23日晚上，莫斯科的退休医生博加特列夫，因睡不着觉而起来到厨房喝牛奶，突然看见窗外出现一个奇怪形状的像面团一样的发光飞碟浮悬在距他寓所仅约30米的前方。

医生吓了一跳，定睛一看，心中更为惊恐，那飞碟好像有眼睛似的，紧紧盯着他。

飞碟的真相记录　飞碟迷影追踪

突然，UFO向他射了一道闪电般的光芒，将窗户烧了一个直径约0.08米的小孔。玻璃圆片掉在地上，洞口十分光滑。

那天夜里，莫斯科有60多家的窗户都被神奇的光芒射熔了3个约0.08米的圆孔。但博加特列夫是唯一有幸的目击者。

专家们的困惑

这种玻璃被烧熔的情况，与1977年9月，在彼得市发生的极为相似。

苏联的专家们研究不出到底是什么力量能使窗户玻璃的分子结构完全改变。

艾沙沙博士说："专家们都无法解释，这是一件不解的飞碟

神秘事件。国营玻璃公司的专家们也无法复制跟飞碟射熔的玻璃片相同的物品。"

许多飞碟光临莫斯科,引起了政府的担心和科学家的重视,但没有人能知道这些飞碟是什么,来自何方,应该采取什么办法来对付,这些令人费解的谜不知何时才能解开。

我还想知道

2009年1月8日,一个不明飞行物袭击了英国林肯郡的一个小村庄,英国《太阳报》报道:"一道奇怪的闪电,神秘的发光体,数十个目击者,一个被击飞了的扇叶,外星人袭击了农场。"

飞碟的真相记录　飞碟迷影追踪

飞碟为什么袭击人类

牧场主的突然死亡

事件发生在纽芬兰奥克兰市郊外。

1968年2月2日早上,39岁的牧场主人艾摩斯·米勒与17岁的儿子比尔正在修建篱笆。突然传来一声巨响,两人往声音的方向一看,有个碟形的物体浮在200米外的森林上空。机体上方有圆锥形的突出部,周围有着成排的窗口,整体上很光亮。

不一会儿,幽浮慢慢放下3根着陆脚,缓缓下降,着陆于小河对岸。艾摩斯在好奇心驱使下,单独走向幽浮,当他走到小河边时,幽浮向他发射光线,艾摩斯后仰倒地,幽浮发出"嗡"声上升,高速飞离现场。比尔跑过去一看,他的父亲已经死了,头

部前面的头发与头皮却不见了。

医师解剖艾摩斯的尸体时发现,除了头皮以外,全身没有任何外伤,但却找不出丧失头皮的原因,最后的结论是死因不明。更奇怪的是,尸体骨骼所含的磷全被抽掉了。

叶迪·维普的遭遇

这个事件的被害人是山姆·丹克斯雷运输公司的司机叶迪·维普,当时45岁。

1973年10月3日18时20分左右,维普开着大拖车奔驰于密苏里州杰克森附近的55号公路。突然发现车外有一个奇怪的飞行物体正在作低空飞行,那个飞行物体好像是铝制的,显然是人造的飞行物体。怪物体相当庞大,几乎覆盖了公路的上下两车道,直径大约有10米,飞行高度约15米。

就在维普想看清后面的怪物时,那怪物体突然发出闪光,一颗火球飞过来,命中了他的头部。他感觉头部热得好像要裂开,同时眼睛也看不见了。眼镜的一个镜片好像被高温熔解一般呈现扭曲。所幸维普的失明状态只是暂时性的,他的视力逐渐恢复,但是一米外的东西便看不见。他的额头红肿,经常向医师与妻子表示额头与眼睛内侧有刺痛。

在事件发生几天内,到底是眼睛痛呢?还是想起了可怕的经历?维普非常害怕会发光的东西。

伊纳西欧遭到袭击

事件发生在1967年8月13日16时。当天下午，伊纳西欧比较空闲，便开车载着妻子玛莉亚与5个孩子到附近的森林野餐。傍晚回到居住地附近时，发觉一个巨大的物体停在农场上，该物体的直径超过30米，形状就像颠倒过来的洗面台。更令人吃惊的是，有3个形状像人的生物在走动。它们好像没有头发，也没有发出任何声音。身高大约10岁孩子那么高。突然怪物体发出一道绿光，射中伊纳西欧的胸部，他当场倒下了。

但是，伊纳西欧并没有死。开始感到身体不适，最先是想呕吐，全身酸痛，后来全身各处麻痹，双手严重发抖。后来，经医生诊断是受到某种辐射线伤害，便试着进行血液检查，果然证实伊纳西欧患白血病。白血病是遭到大量辐射线照射引起的疾病，属于一种血癌。

事件发生的58天后，即1967年10月11日，伊纳西欧惨遭地球外的侵略者伤害，在牵挂妻儿的惦念声中断气。

在戈亚纳为伊纳西欧做过诊疗的内科医生也赶来农场，检视他的遗体，在死亡诊断书的死因栏填入白血病，并告诉在场的农场主人："这个事件的真相最好别对外公布，否则社会可能陷于恐慌状态。"

看看飞碟记录

一家人被吸走

1974年11月20日晚，巴西圣保罗郊外曾发生过一件非常可怕的事件，一家3口在警官面前被UFO吸走。23时，一辆载着3名警官的圣保罗巡逻警车接到"有一部轿车在公路上燃烧"的通知。

警官赶到现场，走下巡逻车，附近的草丛中有一对夫妇带着一名男孩走出来，向他们求救。就在这个时候，有个直径大约10米的碟形黑色物体突然出现在他们的头顶上。3名警官吓得呆立在原地上，飞碟底部放出一道苍白的光筒，笼罩着那对夫妇和孩子。3个人的身体便顺着光筒被吸向飞碟后随着飞碟飞走了。

经过事后的调查，被飞碟即UFO劫走的被害人是在圣保罗经

营餐厅的达贝拉先生及家人，当晚他们开车到亲戚家玩，在回家途中被飞碟劫走。

还有另一位目击者说，出事前他看见达拉的车子在公路上全速奔驰，后面有一个飞碟在追赶。UFO为什么袭击地球人？这个问题到如今都还没有答案。

意外遭到绑架和体检

大多数的目击者认为，外星人对地球上的人类是极为友好的，但也有极个别的事实说明，外星人也会攻击人类。

UFO乘员探访地球最轰动的一次是在1961年。美国两位40多岁的夫妇正从加拿大度假返乡，在新罕布什尔州的公路上，竟意

外地遭到UFO乘员的绑架和体检。

这段不寻常的经历,日后被一个叫约翰·富勒的人写成小说,曾轰动一时。人类对这类神奇事件充满了好奇之心,在1969年达到高潮。

美国人偶遇外星人

1978年1月3日,一个美国人驾驶着小汽车在17号公路上行驶。突然,汽车发生故障,停了下来。当时,四周无人,他不知如何是好。这时,他左边的地上冒出一个炽热的物体,只见3个人渐渐地逼近过来。起初,美国人还以为这3个人想搭他的车。可是,他发现眼前的人样子很怪:他们穿着紧身的、闪闪发光的航天服,眼睛很大,狭长的嘴巴发出音乐似的低音。

他想跑,却无法动弹,只见这3个人一步一步逼近。据这个人说:等我恢复知觉之时,已置身于车子之中。前车灯在闪光,引擎"轰轰"作响。一切都好像一场梦幻,可是过了两个小时。

回家之后,夜晚噩梦连连。医生的安眠药也无法驱除病魔。只好请教心理学医生。经过一次催眠之后,医生发现,在这丢失的两小时中,他被绑架到UFO舱内,被大眼睛的生物研究和检查了身体。

> 辐射有实意和虚意两种理解。实意可以指热,光,声,电磁波等物质向四周传播的一种状态。虚意可以指从中心向各个方向沿直线延伸的特性。辐射本身是中性词。

探探飞碟真相

经过几代人的不懈努力,人们似乎找到了一些飞碟的真相,然而,这些所谓的真相有没有偏离正确的轨道,谁也不敢保证,因为至今人们还没有找到一艘真正的飞碟,更没有猎获一个活着的外星人,因此,若想揭开真相,尚须假以时日。

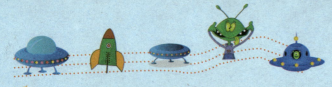

UFO为什么留下痕迹

看见银色的物体

1954年9月22日，美国密苏里州马什菲尔德·威廉斯和欧内斯特·阿森在搜索营大道停住了他们的卡车，观看远处"银色物体的编队飞行"。后来，他们注意到一个大约60米远，180米高处的物体。

它的形象像一个不平的飞镖，一头比另一头长些。它有1.8米或2.1米长，很薄，寂静无声，呈暗褐色。在靠近慢慢旋转着的机翼的末端有两条黑色的条纹，在阳光的照射下看起来颜色比较浅。它缓慢地上升，又迅速地向下跌落，喷出一种烟雾或是蒸汽。然后，它垂直地落到一片树林里。

马什菲尔德威廉斯和欧内斯特·阿森走进树林去寻找这个物体。他们说："几分钟后，我们在地上发现了两块完全成了粉末状的东西。但却没有发现有任何动物的足迹。"

学校上空的雪茄

1954年10月27日，美国俄亥俄州马里斯维尔，在学校的操场上，孩子们把校长喊来，因为他们看见了一个耀眼夺目、形如雪茄的物体正从学校上空飞过。突然，它又以惊人的速度水平地向西移动。在场看到这个物体的有校长罗德尼·瓦利克、老师乔治·迪特玛和大约60名学生。

这个物体的尾部拖着一条白色的、像网一样的东西，它像棉

花一样飘落下来，将树林、灌木和电线都盖上了。这个东西非常坚韧，当人们用力地拉它两头时，很难把它拉断。人们刚刚拉住绳子一端时，它就卷成一个球，然后便粉碎了。

扣起来的盘子

1957年11月6日，美国俄亥俄州蒙特维尔，28岁的奥尔丹·摩尔正驱车在回家的路上行驶。

突然，他看见了一个物体，像一个发光的流星一样被分成两半，一半垂直升空；另一半则变换着颜色，当它从白色变到蓝色时，就显得更大了。

它带着一种柔和的"呼呼"声落在离他150米远的地方。在对它进行了15分钟的观察后，摩尔走了过去。

摩尔发现，这个物体的形状像一个扣起来的盘子，直径有16米长，5.5米高。它顶部有一个大约4.5米高的锥形物被烟雾萦绕着，缓缓地、有节奏地震动着。后来，天文博士肯尼思·洛克在现场发现了小洞、脚印和放射现象。

1950年9月27日，美国约翰·柯林斯和约瑟夫·凯南看见一直径有0.15米长的物体在地面上飘浮，他用手一接触，那物体就开始融化，变成黏黏的、无味的东西。不到半小时，全部都蒸发了。

UFO的基地探秘

当过航空兵的人看到不明飞行物

曾当过航空兵的于新民，在天津市上空看到了一个不明飞行物。那是1995年4月3日19时17分，于新民正在河北区民权门开江道与乌江路交叉口附近买东西，忽见一个光亮飞行物由东向西在空中匀速掠过。

飞行物是一个呈长扁橄榄形状的绿色发光体，在空中肉眼看约0.3米长，尾部光束0.15米，呈橙红，极像霓虹灯。飞行物速度比飞机要快得多，无声，看上去飞行高度不到1000米。

一个常摆摊的小贩也同时看到了它，因时间短，不知其他行人见到没有。

当过航空兵的人断定

于新民对飞机夜航很熟悉，他立即断定这肯定不是飞机。这种既无红绿色标志灯，又无声音，整个物体均在发光，呈扁橄榄形，尾部有橙红色光束，其速度比飞机明显要快的物体，很可能是一种不明飞行物。

UFO的基地在哪里

这些到造访地球的飞行器忽隐忽现，他们一定不是从空气中变来的，而是应该有自己的起落基地，或者有一颗母星。那么，它们的基地在哪儿？ UFO的母星又在哪里？各种说法五花八门，但归纳起来可分为两大类：一类是宇宙基地说；另一类是地球基地说。

宇宙基地说

不少UFO研究者认为，UFO来自太空，即来自银河系或其他星系。它们由一艘或多艘庞大的UFO母舰运到太阳附近，在那里建成基地或寻找某个星球建立基地，然后放出子碟，列队或单独进入地球空间。

这些UFO有时无乘员驾驶，受母舰遥控；有时由生命体或机器人控制。这样的UFO可能在太阳系的金星或其他行星上建立过中继站，也可能在月球上歇脚。目前，更多的证据证明，月球是UFO基地。

地球基地说

在美、英、法、德、日本等国的UFO研究者中，有不少人认为，UFO不是从太空而来，它们的基地就在地球上。持这种观点的人大约又分为三类：

一、UFO的海底基地。加拿大的让·帕拉尚等人首先提出

这种假设。经过调查研究认为，几万年前，大西洋上原先有个高度文明的大西国，后来因发生战争和水灾，大西国沉沦洋底，大西国人也就是玛雅人随之转入海底生活，在那里建立永久的基地，但有时也乘UFO从海洋出来，遨游太空。

二、UFO的南极基地。在UFO研究者中，UFO专家安东尼奥·里维拉曾怀疑飞碟会不会是德国纳粹的秘密武器。安东尼奥·里维拉经过调查得知，第二次世界大战末，德国人设计出了几个飞碟，其中几个很可能被纳粹用潜艇运到南美和南极了。

另一个现象又似乎足以证明这个假设，在辽阔的南美洲，特别是阿根廷、巴西频频出现UFO，大部分的UFO都来自南极。因此，一些人便推断，南极存在着UFO基地。

三、UFO的地心基地。以德国UFO专家威廉·哈德森为代

表的为数不多的人提出，UFO是地球上一种高等智慧生物的飞行器，这种智能生物长期居住在地球深处，在那里发展了一个地下文明，还发展了乘特殊飞行器才能外出进入的空间。

他们的出口往往建在深山峡谷之中，或荒无人烟的大沙漠深处。也有人说，地层的裂缝是它们的天然出口，因此，裂缝处往往是UFO现象的高发地区，或者从北极孔洞出入。

另外，我国UFO界也有人提出了戈壁中可能有UFO基地的推测。无数案例表明，UFO是客观存在的。飞碟可能是外星人或宇宙人的乘具，外星人到地球来可能是路过也可能是旅游，还可能是执行任务……基地大概是他们的临时住所。总的来说，搞清UFO在地球上或宇宙中的基地，对我们尽早揭开UFO之谜是有很大帮助的。

有人怀疑百慕大是飞碟基地。在百慕大三角地区曾有飞机、航船失踪。1994年，一架由菲律宾起飞的客机飞往意大利，中途经过非洲东部上空时，突然失踪20分钟，机上人员一无所知。

UFO到底来自哪里

飞碟的真相记录
飞碟迷影追踪

发出蓝色光的物体

1995年10月4日傍晚，云南省鲁甸烤烟收购执纪执法检查组有4人一起到昭鲁公路堵卡执勤点值夜班。

第二天2时49分，4人同时发现执勤点西南方向约2000米远的下茨院村上空出现了一个不明物体，并发出蓝色强光。

下茨院村周围的三面是稻田，西部延伸已经和上部村舍相连，形成一个凸起的高地，人口稠密，高处的房屋前后都有成片的杨树。

不明物体一动不动地悬浮在村子上空，距地面10米左右，好像要落到树上一般。当时天空中下着小雨，并且有薄雾，看得不太清楚。

不明飞行物第一次出现时，发出像电弧光一样的蓝色光，这种光能够把执勤点的周围都照得很明亮。

借着亮光，可以看出不明物体呈椭圆形，有两间民房那样大，光线由前部发出，后部不发光，但有玻璃般的透明感。

探探飞碟真相

不明物体的变色

第一次出现时以蓝色光为主，渐渐变为黄色，持续1分30秒左右突然消失。3时11分，不明物体再次在同一位置出现，仍发蓝光，但光亮比前一次亮了一倍左右，看上去已有刺眼的感觉。

蓝色光持续近两秒钟后，便以每秒一种颜色进行变换，依次变换为淡黄、黄、粉红、蓝、白几种颜色，白光持续约两秒，便像电灯停电一样一下子暗了下来，倏然消失。

第二次出现时，颜色每一次变换时，都使人产生一种精神上的愉悦感。4个人抬头等待着不明物体的第三次出现，但再也没有看到。

看到的是飞碟吗

事后，4个人都分别将自己所看到的情形，分别告诉了亲友，并说当不明飞行物第一次出现时，4个人都产生了恐慌的感觉。

亲友们都说他们可能看到了飞

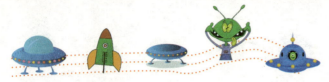

飞碟的真相记录　飞碟迷影追踪

碟，这起目击案中的UFO为椭圆形，体积很大，发蓝光，并变换颜色，显然不是飞机，也不会是天空星体，并且飞行物反复明暗，使目击者产生恐慌感，这很明显是UFO的心理效应所致。UFO专家们也断定，这次UFO应属于飞碟之列。

大庆上空的不明飞行物

2008年5月2日18时10分，黑龙江省大庆市让胡路区龙岗小区上空，发现一椭圆形的灰色不明飞行物。

当时，魏先生和另外3名同伴看到一个椭圆形的灰色物体悬浮在空中，下方有亮光。

魏先生说："起初，我们也认为是飞碟，大家很仔细地观察它在空中的情况。我们看到，飞碟缓慢向南移动，19时30分，飞

碟飞到龙南憩园小区上空时,我们才发现,原来这个飞碟其实是孔明灯。"

同样声称是目击者的马先生说,当天他和妻子发现天空有一个圆形的不明飞行物,不明飞行物上面发出亮光后,快速向正北方飞去。

对于魏先生怀疑是孔明灯一说,马先生持反对意见。原因是当天刮的是南风,如果是孔明灯,该物体移动的方向就不对;另外,孔明灯应该始终有亮光,而当天这个不明飞行物发出亮光到消失只有一两分钟。

马先生是一名天文爱好者,尤其喜欢搜集有关UFO的报道。马先生查阅了大量的资料,根据种种现象表明,他和妻子都认为当天发现的应该是不明飞行物。

人类登月的幻想

令马先生不解的是,这些不明飞行物到底是从哪里来,又到哪里去了呢?难道是真像某些人说的那样,是来自月球吗?

几千年来,地球人一直在不断地对月球进行探索,他们希望能在月球上找到飞碟基地。

然而,1969年"阿波罗号"成功地登月飞行,向人们宣告了月球并不存在飞碟基地这一事实。原来,月球是一个不可能产生生命的死气沉沉的世界。

人类登上月球以前,脑海中有这样的幻想:

"其他星球的人会不会比人类先到达月球,并且早已在月球上建立了他们的实验基地呢?"

"外星人常常被描述成比人类更聪明的高智能生物,他们的科学技术水平比我们高很多,他们早就在宇宙中遨游了,难道会忘记了月球吗?"

宇航员的发现

1969年的登月飞行解决了人们心目中的一些谜,但又引出了人类对月球的新的探索。

就在1969年7月21日,"阿波罗11号"宇宙飞船登月飞行时,宇航员阿姆斯特朗在月球上向美国的休斯敦指挥中心发来了报告:"……这些东西大得惊人!简直想象不到,我要告诉你们,那里有其他的宇宙飞船,它们排列在火山口的另一侧,它们在月球住,正在注视着我们。"也不知道是什么原因,阿姆斯特朗的报告就到这里,立即中断了。

探探飞碟真相

1971年7月26日,"阿波罗15号"宇宙飞船发射,当指令长斯科特和登月舱驾驶员欧文就要踏上月球的时候,呆在"阿波罗15号"飞船里的指令舱驾驶员沃登,非常惊奇地听到了很长的哨声。指令舱里的录音机把它录了下来。它随着音调的变化,传出了20个字组成的一句重复多次的话。

外星人到过月球吗

一些对外星人特别感兴趣的人就凭这些,就可以断定外星人肯定去过月球,而且这里很可能是外星人的飞碟基地。

实际上,阿姆斯特朗在发出了那句令人费解的报告之后,再也没有说出什么更有力的证据,至于哨声是自然界常有的现象,

飞碟的真相记录　飞碟迷影追踪

而哨声音调的变化也是人类自己想出来的。

试想一想，如果月球是外星人的飞碟基地，我们人类到月球上去了这么多次，为什么不能捕捉到他们更多的信息呢？

飞碟不与人接触的原因

不少人提出，既然飞碟可能来自月球，那么为什么它们不与人类接触呢？据专家们分析，大体有如下原因：

1. 地球人把飞碟的到访视为入侵，往往以袭击与进攻来接待他们。

2. 根据互不干涉的宇宙准则行事。

3. 他们的使命仅限于监视与考察地球。

4. 他们与人类的生理结构不同，不能承受我们的动物性低频振幅。

5. 对我们实行一个临时性的隔离检疫期。

6. 兰德公司的一份专家报告认为，两种文明高低差距过大，过早接触对双方

都有害而无利。

7．人类也没有正式要求接触。

8．早已摸清地球人的情况，无必要接触。

9．据了解，人类的宇航员出航前均得到训令：当发现外星生命体时，不准随意接触，可保持警惕，首先要弄明对方意图，进行试探等。同样，外星飞船上的乘员在出发前可能也得到相似的训令。

10．最后一种可能性是飞碟由于种种原因不可能与我们接触：它们并非实体，不过是外星人放过来的影像。它们在另一维空间飞行，偶尔闯入我们这维空间。

11．多个宇宙论：宇宙中套宇宙，多宇宙的交叉，平行世界。它们并非在我们这个宇宙中。它们是反物质结构，不与我们亲近，以避免双方伤亡。

阿姆斯特朗曾是一位美国国家航空航天局的宇航员、试飞员、海军飞行员。1969年7月16日，他因执行第一艘载人登月任务，乘坐宇宙飞船"阿波罗11号"首次登上月球，而闻名全世界。

飞机失事是UFO所为吗

飞机神秘消失

1953年11月23日，美国飞行员菲力克斯少校和雷达员威尔杰少校接到空军防卫指挥部的命令，从罗斯空军基地起飞去追踪苏必利尔湖上空被雷达发现的一个不明飞行物。他们驾驶一架F-89C喷气式战斗机由地面导航径直飞向那个物体。

地面指挥员在显示屏幕上看到飞机接近了那个UFO。在屏幕上飞机和UFO的信号都很清晰，可是突然飞机和UFO都从屏幕上消失了。从此，再也没见到那架飞机和听见机上的驾驶员发来的信号，搜索也毫无结果。

UFO时隐时现

1956年8月13日9时30分,空军雷达员本特·沃特斯看到一个物体正以每小时5000千米的高速掠过屏幕,接着又发现一组物体追踪着它到了海上,它们似乎成串地进入了这个静止的大物体之中,然后一起消失了。

莱肯黑斯站的人也在屏幕上清晰地看到了这个物体。他们发现,这个物体疯狂地改变方向,以锐角不停顿地飞翔,从静止状态突然以极快的速度行驶,其飞行性能简直令人迷惑不解。

两架喷气式战斗机起飞前往拦截,但升空后却没有发现UFO的任何踪迹,只有返航。然后一架装备了雷达的维诺姆单座战斗

机从海滨起飞。这架战斗机升空后,却发现那个UFO静止不动,清晰可见,高度4500米至8500米。

飞行员开动了雷达和炮锁,还没来得及有所行动,突然发现UFO失踪了。它突然出现在飞行员的后面,这个UFO以"之"字形变换着位置,其速度之快以致雷达都跟不上。一会儿,它在战斗机后面,分解成两个不同的单元,一个挨着一个,紧紧锁住了那架战斗机。

机组人员发现飞碟

1978年10月18日,劳伦斯·科因中尉和3名机组人员,驾驶一架美国空军直升机从俄亥俄州的哥伦布飞往克里夫兰。40分钟后,他们飞抵曼斯菲尔德上空,高度为750米。

这时,一名机组人员发现一个闪着红光的物体正高速从东部靠近飞机。科因中尉立即将飞机下降至510米以避免相撞。在离飞机大约150米时,这个不明飞行物突然停了下来。

科因中尉注意到这是一艘巨大的灰色金属飞船,大约有18米长，形状像流线型的扁雪茄。它前部边缘闪烁着红光，后部闪着绿灯，中间有圆盖。一盏绿灯突然旋转起来，绿色灯光照亮了直升机的座舱。科因赶紧用无线电发出SOS信号，但无线电装置莫名其妙突然失灵，既不能发送信号，也不能接收信号。

后来他检查了一下仪器盘和仪表盘，发现这架直升机正在升入高空。最后，机组人员感觉到了一下轻微的弹跳，那个UFO向西北呈"之"字形飞去，7分钟后，直升机上的无线电装置又自动恢复正常状态。

不明飞行物的威胁

UFO使无线电装置莫名其妙突然失灵这种事件，后来的许多目击报告也谈到了这一点。

1957年，美国空军的研究人员发现，不明飞行物是通过某种受控电磁波来干扰我们的电路的。汽车灭火、引擎停转、飞机导航仪及无线电通讯受干扰，这些现象十分危险，特别对正在航行中的飞机来说必然是凶多吉少。

协和飞机顺利飞行

1978年10月21日，从澳大利亚墨尔本附近的莫拉丙机场，一架"协和"飞机飞往一片暮色的天空。18时19分，天空晴朗，景色宜人。其目的地是金格岛。"协和"飞机预定在此岛上装满海产货物，然后返回莫拉丙机场。

飞离了莫拉丙机场的飞行员布连地，往目的地前进时，看见在西南方，出现一个像是发光的气球般的东西，到了渥太威岬仍看到它的踪影。19时，布连地向墨尔本的控制塔说"通过渥太威

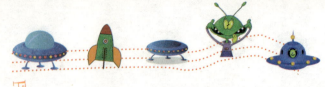

岬"。在渥太威岬的海面上，机首面向南方一直前进，过28分钟就该到金格岛了。天气状况良好、视线清晰，一切都依飞行计划顺利进行。

协和飞机遭戏弄

布连地唯一感到异常的是，在通过渥太威岬岭瞬间的那一刻。19时6分，他向墨尔本控制塔询问："高空150米以下的空中，有无其他飞机？"控制塔回答："依飞行航程表上记载没有。"

可是，布连地却看见，"协和"飞机的上方，有一架巨大的飞机，这架巨大的飞机，一旦超越过了"协和"飞机，又会马上折回来再度越过"协和"飞机的上方。而且像是在戏弄"协和"飞机似的，一次、二次、三次不停地反复着。"难道是要追踪我吗？"布连地有点厌烦地喃喃自语。

协和飞机的失踪

墨尔本的控制塔要布连地确认清楚纠缠"协和"飞机的机体。于是布连地报告说："这不是一般的飞机！"接着又说，"形状是细长形，可以看到绿色的灯光、机体似乎是金属做的，

外侧闪闪发亮。"之后,控制塔失去了布连地的音讯。

19时12分,收到布连地用惨叫的声音说:"这家伙在我上面!"之后,又叫一声"墨尔本控制塔……",接着通讯就中断了。

控制塔的无线电里,在这最后一句话断了的17秒钟内,听到一阵"卡咯卡咯"阴森可怕的金属声,然后又迅速被一片静寂笼罩着。此时是19时12分48秒,弗雷德就在金格岛的正前方不远处失踪了。

澳洲军方的搜索

接到"协和"飞机罹难消息,澳大利亚的军方马上出动,在空中及海面上展开搜索行动。可是飞行员和"协和"飞机的踪影都没被发现。

而且在事发后4天,仍未发现机体的残骸或任何的遗留物,这事便成了难解的谜题,而搜索工作也就此打住了。布连地和"协和"飞机一起在渥太威岬的海面上,被擦掉抹去似的消失了。

事情的成因

这件意外事件,在刚开始的时候,仅以普通的飞机失事处理。否定UFO存在的澳大利亚政府发表了这样的谈话:"在事件当时,因'协和'飞机翻转飞行,所以将映在海面上的城市的灯光,误认为飞行物体,才坠落琶海里。"

事实上,这件事的开端,在这之前,在澳洲不断有人看见

飞碟的真相记录　飞碟迷影追踪

UFO，而在那一天到达了高峰。在布连地失去音讯的那一刻间，有好几人看到了发出绿色光的UFO。布连地果真是和"协和"飞机一起被UFO俘虏去了吗？不留下任何蛛丝马迹而消失了的协和飞机的真相，完全打消了坠落和爆炸的说法。这当然就是超越一般常理所能理解的，也就是UFO神秘的一股力量。

飞机失事事件

遭遇UFO而失事的飞机事件也时有发生。最有名的是1984年P-51式飞机。机长托马斯·曼特尔奉命驾驶着P-51式飞机追赶一个UFO，突然"轰"的一声，飞机奇异地爆炸了，曼特尔也被炸死了。

此事异常神秘，但曼特尔死于追赶UFO途中，这是千真万确的事实。地面人员证实说，他们亲眼看见曳光弹从UFO中射出，击中了P-51式飞机。

惊人的UFO事件接二连三地发生。下面是印度的一个案例：

那是1953年5月2日的一天，一架彗星式喷气机从加尔各答的达姆机场起飞，刚飞行5分钟，该机便坠毁于地，一片熊熊烈火将机上43名乘客全部烧成灰烬。

几个月之后，英国航空专家沃克博士于1954年1月20日在法恩巴勒向报界宣布，从机身和机舱的内外状况可能断定，"飞机是被某个巨大的物体撞歪后解体而坠落地面的"。UFO击毁飞机的事件层出不穷，令人生畏，它们这样做的真正目的至今仍是个谜，只有在UFO之谜解开之时，地球人才能真正了解其意图。

电磁波：介质或真空中由时变电磁场表征的状态变化，由电荷或电流的变化而产生。它在每一点和每一方向上的运动速度取决于介质的性质。

飞碟的真相记录 飞碟迷影追踪

UFO的速度是多少

天空中的亮点

1996年9月18日23时，我国目击者蒙红际一个人在本单位楼顶边乘凉边听收音机，忽然看到天空中有一不明物体从东北向西南方快速移动。

说是物体，其实能见到的只是两点橘黄的光亮，该光点并不像飞机的夜航灯分在左右两翼，而是一先一后，蒙红际凭直觉认定那是一个物体，当时她只是感觉奇怪，并没往心里去。

不断变化的星群

又过了几分钟，从同一方向，目击者看到了更加诡秘奇异的东西。这次飞来的是一群星星，形容它们为星星，只因为用肉眼看来，个体的形状和星星并没有什么明显的差别。接下来，它们形成一个约呈"V"型的群体，然后快速飞行，就好像某一星座

忽然自己会快速流动一样。

那星星好像在巡视着目击者所居住的这块土地，其间又多次呈"V"字，有时呈"G"字等不规则形状，并不断打乱自己的编队在天空中巡航，只是光点太暗，如果不是有心仔细观察，很难用肉眼看到。

飞碟的速度是多少

目击者蒙红发现UFO的速度非常之快，事实上，这并不是他一个人的发现，因为几乎所有的人都发现了这一事实。因为人类的任何飞行器都不能与飞碟的速度相提并论，飞碟不仅能做到"静若处子，动如脱兔"，而且还能在空中随意停下来。据国际航空协会公布：飞机的最高时速为2523千米，洲际导弹的最高时速为2.52千米，脱离了地球引力的人造飞行物，时速则可超过3万千米，飞碟的速度是多少呢？

前苏联UFO权威齐盖尔教授说，根据雷达记录，飞碟的时速为0千米至7.2万千米，所谓"0千米"，就是悬停。

悬停是它的一大绝技，这类例子举不胜举。它能静静地停在

任何高度，无声无息，而且没有任何尾迹，这是人类的任何飞行物不能办到的。直升机能悬停，却左右摇摆，而且依靠巨大的螺旋桨；飞碟能静静地停在那里，宛如天空中固定生长的物体，冷漠而又严峻。

飞碟与导弹比速度

1960年，在美国的一个导弹发射试验场，上演了一部比速度的活戏剧。当时，德国导弹专家冯·布劳恩设计制造的V-2型导弹刚刚升空，一个飞碟不知从何处冒了出来，它以1600千米的时速追上导弹，然后又加快速度，将导弹远远抛在身后，在场的地勤人员测得它的时速高达每小时9000千米。

早在1949年，该试验场导弹试验室主任罗伯特·麦克劳克林就从雷达上目击过不明飞行物，它没有任何声响和尾迹。罗伯特用经纬仪测出来时速和高度，时速竟达4.32万千米，高度为9万米，但是，当时人类所能达到的终极高度为2.7万米。

前苏联著名的天文学家波斯希日博士指出：飞碟只需要几天时间就能飞完地球到土卫六之间的12.8亿千米的路程。

飞碟具有的绝技

更令人们感到惊奇的是，飞碟卓越的加速能力和它们直角拐弯的绝技。

1963年，在撒哈拉沙漠，一队法国技术人员在沙漠中进行火箭弹头回收训练，空中突然出现了一个亮点，那是一个巨大的飞碟，5分钟后，它飞走了。但据地面人员测定，它在3秒钟内速度从零加到了每小时6000千米，简直令人不可思议。

1952年7月，美国华盛顿空军指挥中心的雷达屏幕上突然显示有7个亮点，它们飞行的方向正是美国的心脏，即白宫和国会大厦。

人们惊恐万状，地面指挥中心立即命令歼击机起飞拦截，但是，令人无可奈何的是，那7个亮点轻易地就将歼击机甩在身后，它们在短短的几秒钟内，时速从200千米一下增至800千米，最后，一个漂亮的直角拐弯，以1200千米的时速飞走了。

齐盖尔教授说，直角拐弯将产生3000克的过载，这是目前地球上的任何材料都无法承载的。

> 1991年7月11日，墨西哥不明飞行物研究员吉列尔莫·阿雷金到屋顶上去拍摄日全食，却看见空中有一个亮点。于是，他把镜头对准了它。他发现他正在拍摄的是一个来回摆动着的不明飞行物。

图书在版编目（CIP）数据

飞碟的真相记录：飞碟迷影追踪 / 韩德复编著. --北京：现代出版社，2014.5
ISBN 978-7-5143-2667-3

Ⅰ．①飞… Ⅱ．①韩… Ⅲ．①飞盘－普及读物 Ⅳ．①V11-49

中国版本图书馆CIP数据核字(2014)第072343号

飞碟的真相记录：飞碟迷影追踪

| 作　　者：韩德复
| 责任编辑：王敬一
| 出版发行：现代出版社
| 通讯地址：北京市定安门外安华里504号
| 邮政编码：100011
| 电　　话：010-64267325　64245264（传真）
| 网　　址：www.1980xd.com
| 电子邮箱：xiandai@cnpitc.com.cn
| 印　　刷：汇昌印刷（天津）有限公司
| 开　　本：700mm×1000mm　1/16
| 印　　张：10
| 版　　次：2014年7月第1版　2021年3月第3次印刷
| 书　　号：ISBN 978-7-5143-2667-3
| 定　　价：29.80元

版权所有，翻印必究；未经许可，不得转载